ÉLISÉE RECLUS

LES PHÉNOMÈNES TERRESTRES

TERRESTRES

LES MERS ET LES MÉTÉORES

PARIS

LIBRAIRIE HACHETTE ET Cie

BOULEVARD SAINT-GERMAIN, 79

1872

LES
PHÉNOMÈNES TERRESTRES

LES MERS ET LES MÉTÉORES

COULOMMIERS. — Typ. A. MOUSSIN

ÉLISÉE RECLUS

LES PHÉNOMÈNES TERRESTRES

LES MERS ET LES MÉTÉORES

PARIS

LIBRAIRIE HACHETTE ET Cie

BOULEVARD SAINT-GERMAIN, 79

1872

LES
PHÉNOMÈNES TERRESTRES

LES MERS ET LES MÉTÉORES

CHAPITRE I

L'OCÉAN

I

Considérations générales. — Profondeur des mers.

Pour la plupart des hommes, groupés en populations pressées dans ces continents qui s'étendent à
peine sur le quart de la surface du globe, les mers
ne sont guère autre chose qu'une sorte de chaos
sans limite et sans fond.

Et pourtant, si l'influence de l'Océan dans l'économie générale du globe n'est point étudiée avec
le même soin que l'action des rivières qui coulent
dans les plaines et des sources qui jaillissent dans
les creux des collines, cette influence n'en est pas
moins de premier ordre, et c'est d'elle que dépen-

dent les principaux phénomènes de la vie planétaire. « L'eau est ce qu'il y a de plus grand ! » s'écriait Pindare, dès les origines de la civilisation hellénique, et depuis, la science nous a révélé que les continents eux-mêmes se sont élaborés au sein des mers, que sans elles le sol, pareil à une surface métallique, ne pourrait donner naissance à aucun organisme. Ainsi que le racontent poétiquement presque toutes les cosmogonies des peuples primitifs, la terre est « fille de l'Océan. »

Ce n'est point là simplement un mythe, c'est la réalité même. L'étude des couches terrestres, grès, sables, argiles, calcaires, conglomérats, prouve que les matériaux des masses continentales ont en grande partie séjourné au fond de la mer, et qu'ils y ont pris leur forme et leur composition. Même sur les flancs et les sommets des plus hautes montagnes, soulevées actuellement à plusieurs milliers de mètres au-dessus du niveau de l'Océan, on trouve les traces de l'antique séjour et de l'action des eaux marines. Sous nos yeux, l'immense labeur commencé par les mers dès l'origine des âges se continue sans relâche avec une telle activité que, même durant sa courte vie, l'homme peut assister à d'importantes modifications des côtes. Si les flots sapent et renversent lentement une péninsule, ailleurs ils construisent des plages et forment des îlots. Aux anciennes roches démolies par les vagues succèdent des roches nouvelles, différentes par l'ordonnance et l'aspect. Ainsi les roches cristallisées se changent en couches régulières de sable ou d'argile sous l'action des ondes qui trient et tamisent les divers cristaux désagrégés. En outre, un agent plus puissant que le choc des vagues travaille constamment, dans le sein de la mer, à la modification et à la reconstruction des roches. C'est la vie animale. Les testacés, les coraux, les innombrables animalcules à carapace calcaire ou siliceuse qui vivent dans l'Océan sont constamment à l'œuvre pour décomposer chimiquement dans leurs organismes et sécréter les substances dont ils forment leur squelette ou leur étui. A mesure que meurent les générations de ces tourbillons d'animaux, leurs débris s'entassent au fond de la mer ou sur ses plages et finissent par former des bancs immenses, des plateaux qu'un soulèvement produira plus tard au grand jour.

Même le relief de l'intérieur des continents est sans cesse modifié par les nuages, les pluies et les météores qui naissent à la surface de l'Océan. Tous ces agents de l'atmosphère qui s'acharnent contre les sommets des monts, les ravinent et les abaissent peu à peu, c'est la mer qui les envoie; tous ces glaciers qui polissent les roches et poussent devant eux dans les vallées de puissantes moraines de débris, ce sont les nues qui les déposent sous forme de neige dans les cirques des montagnes; toutes ces eaux qui pénètrent par les fissures dans les profondeurs du sol, qui dissolvent les rochers, percent les grottes, entraînent à la surface les substances minérales et causent parfois de grands écroulements souterrains, que sont-elles, sinon les vapeurs marines retournant à l'état liquide vers le bassin d'où elles étaient sorties? Enfin les innombrables rivières qui répandent la vie sur tout le globe, et sans lesquelles les continents seraient des espaces arides et complétement inhabitables, ne sont autre chose qu'un système de veines et de veinules rapportant au grand réservoir océanique les eaux déversées sur le sol par le système artériel des nuages et des pluies.

Quant aux climats, aux variations desquels est soumis tout ce qui vit sur la terre, ne dépendent-ils point des mouvements océaniques autant que de la distribution et du relief des espaces émergés? Le froid des latitudes polaires serait plus rigoureux, la chaleur des latitudes tropicales serait plus forte, et ces extrêmes feraient périr sans doute la plupart des êtres actuellement en existence, si les courants océaniques ne portaient l'eau des pôles à l'équateur, celle de l'équateur aux pôles, et ne travaillaient ainsi constamment à l'équilibre des températures. De même, l'atmosphère serait complétement dépourvue de vapeurs et peut-être irrespirable, si l'humidité marine ne se répandait avec les vents sur tous les points du globe. Ainsi l'Océan fond les contrastes des climats et fait de toutes les régions distinctes de la planète un ensemble harmonique; il suscite et conserve la vie sur la terre, qu'il a déposée couche à couche, qu'il arrose de ses vapeurs et féconde par ses sources et ses fleuves.

L'eau des mers, sollicitée par la force de la pesanteur, cherche incessamment son niveau comme l'eau des fleuves et des lacs. Lorsque, par suite d'une évaporation très-active ou de la persistance de tempêtes soufflant d'un même côté de l'horizon, la surface marine s'est abaissée dans un golfe, les eaux des parages voisins se précipitent vers l'espace appauvri afin d'en remplir les vides; de même, quand de fortes pluies, les crues de grands fleuves ou l'action des vents ont élevé le niveau de la mer sur un point, ce gonflement local ne manque pas de se déprimer bientôt et d'épancher son trop-plein sur les nappes environnantes. On peut donc considérer la hauteur moyenne de la mer comme étant la même dans tous les océans, puisque le mouvement naturel de l'eau est de rétablir l'égalité de sa surface dans les parties où s'est produit un trouble accidentel. Il faut tenir compte cependant des différences locales produites par l'attraction des plateaux et des montagnes. C'est ainsi que l'eau est d'un niveau plus élevé sur le rivage des continents qu'autour des îles océaniques.

En outre, la diversité des climats, des vents et des courants est telle que certaines mers, séparées l'une de l'autre par un isthme étroit, offrent d'une manière permanente des hauteurs inégales. Des deux côtés de l'isthme de Suez, les eaux se trouvent à des hauteurs légèrement différentes : le niveau moyen de la mer Rouge, à Suez, dépasse de 80 centimètres celui de la Méditerranée, près de Port-Saïd; aux basses marées, les deux nappes se trouvent sensiblement à la même hauteur, tandis qu'à l'heure du flux, l'eau est parfois plus haute de 1 mètre dans la baie de Suez qu'à l'extrémité septentrionale du canal de l'isthme. Une semblable différence se produit également entre la baie de Colón (Aspinwall) et le golfe de Panama, et là aussi c'est la masse d'eau dont les marées ont le plus d'amplitude, c'est-à-dire l'océan Pacifique, qui l'emporte en hauteur.

Une ancienne opinion populaire voulait que la mer fût « sans fond », et pour bien des ignorants cette expression proverbiale est encore ce qui répond le mieux à la réalité des choses. Au commencement du

siècle dernier, le savant Marsigli lui-même parlait de
« l'abîme » de la Méditerranée comme d'un gouffre
absolument insondable. En revanche, des mathématiciens, s'appuyant sur des considérations théori-
ques, avaient essayé d'évaluer par le calcul la profondeur moyenne des mers. Buffon donnait à l'Océan
une épaisseur d'eau de 440 mètres, l'astronome La
Caille hésitait entre 300 et 500 mètres. Laplace s'arrêtait au nombre de 1000 mètres. L'observation directe
obtenue par les sondages a montré, que toutes ces
théories étaient erronées. Sans être « insondable, »
la mer est cependant beaucoup plus profonde que ne
le croyaient la plupart des physiciens et des astronomes.

Il est toutefois des mers dont l'épaisseur liquide
est très-peu considérable, et que l'on pourrait considérer, pour ainsi dire, comme des inondations permanentes. Telle est la Manche, ce large détroit qui
s'est formé entre la France et l'Angleterre pendant
la période géologique moderne (fig. 1). Pour se faire
une idée vraie de la profondeur de ce bras de mer
comparée à son étendue, que l'on s'imagine un lac
en miniature, à l'échelle de 1 mètre par kilomètre,
dans une prairie parfaitement horizontale. Cette
nappe d'eau n'aurait pas moins de 500 mètres de
long, et sa largeur varierait, suivant la disposition
des côtes, entre 33 et 250 mètres; mais en dépit de
cette surface considérable, la plus grande profondeur de la mare serait de 5 centimètres seulement à
l'entrée. Nulle part les gouffres de la Manche ne se
trouvent assez bas au-dessous de la surface de l'eau
pour que nombre d'édifices bâtis par les hommes,
pyramides, colonnes ou cathédrales, ne pussent dé-

passer les vagues de leurs cimes, s'il était possible
de les promener au fond de cette mer.

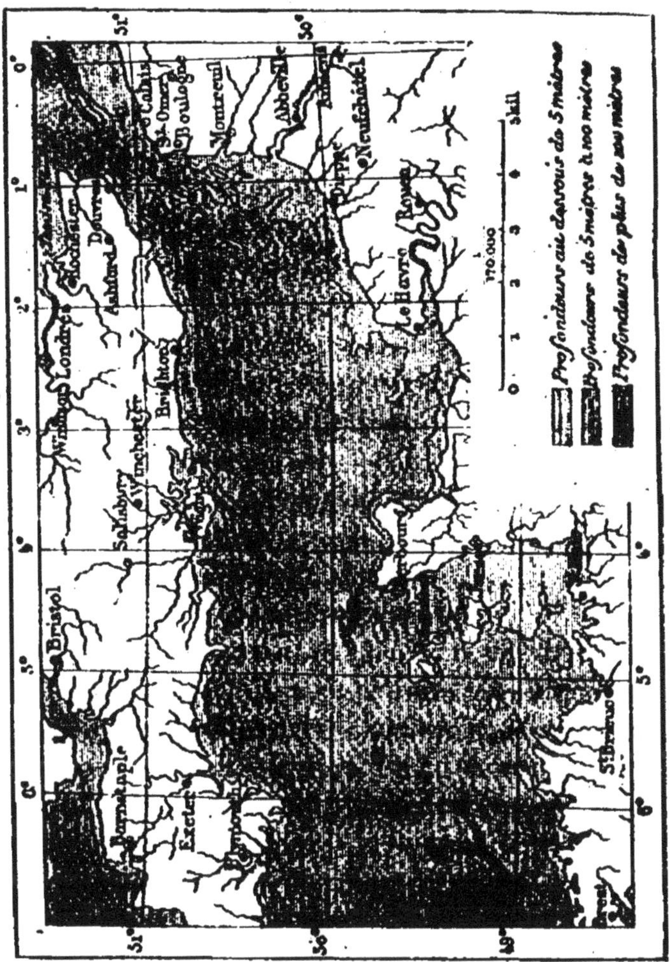

Fig. 1. — Profondeurs de la Manche.

De même, la plupart des mers intérieures relativement petites, comme la Baltique, sont peu profondes.
L'épaisseur de la couche d'eau se réduit à 30, à 20,

et même, en certains endroits, à une dizaine de mètres dans le Sund et le grand Belt, qui donnent entrée à la mer Baltique proprement dite. Ce vaste bassin, qui tient à la fois du golfe maritime par sa libre communication avec l'Océan, et du lac intérieur par la faible salure de ses eaux, offre une profondeur moyenne de 40 à 60 mètres, analogue à celle du Cattegat; d'après Foss, l'endroit le plus profond, situé entre l'île de Gottland et l'Esthonie, se trouverait à 179 mètres seulement au-dessous du niveau marin.

Il est probable qu'en beaucoup de parages ces mers peu profondes indiquent l'existence d'anciennes terres que les eaux ont graduellement rongées. Ainsi l'Indo-Chine semble avoir compris autrefois Sumatra, Java, Bornéo et nombre d'archipels baignés par des eaux basses; de même, les contrées du nord-ouest de l'Europe dont il ne reste aujourd'hui que le groupe des îles Britanniques, paraissent s'être étendues à une grande distance dans le lit actuel de l'Atlantique et dans presque toute la mer du Nord. La sonde du marin reconnaît encore parfaitement, à la différence des profondeurs, quels étaient les contours de l'ancienne masse continentale. A l'est, la mer du Nord n'a que 30 à 50 mètres, excepté au large de New-castle, où le fond se trouve de 90 à 120 mètres de la surface. De vastes étendues de sable et de vase, le banc Blanc, le banc Noir, le banc Brun, le Dogger-Bank, le Fisher-Bank, séparés les uns des autres par des fosses et des canaux latéraux, plus profonds de 10 à 20 mètres, emplissent le bassin presque dans son entier. Seulement un bras de l'Océan longe les côtes escarpées de la Scandinavie sur les roches et les argiles compactes du fond ; dans ces parages, la corde de sonde descend jusqu'à 300, 500 et même 800 mètres de la surface marine (fig 2.)

A l'ouest des îles Britanniques, un abaissement de 200 mètres révèlerait le piédestal sous-marin sur lequel sont les terres émergées de cette partie de l'Europe. Là est bien la véritable base du continent, car immédiatement en dehors de cette assise fondamentale qui forme l'angle extrême de l'ancien monde, le lit marin, incliné d'environ 8 degrés, descend graduellement de 200 mètres à 3,000, 4,000 et 6,000 mètres au-dessous des vagues. Il est même un espace triangulaire entre les Açores, le banc de Terre-Neuve et les Bermudes qui a plus de 8,000 mètres. Ce sont là les gouffres océaniques.

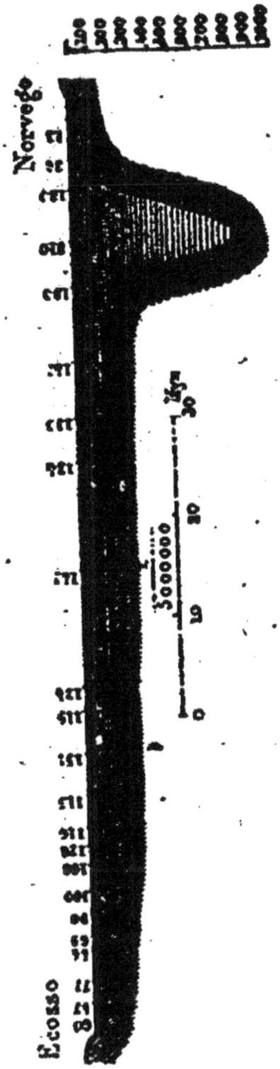

La Méditerranée, beaucoup moins étendue que l'Atlantique boréal, est aussi moins profonde, mais ses abîmes n'en sont pas moins pour le marin qui navigue au-dessus comme s'ils étaient « sans fond, » ainsi que le disait Marsigli. Que cette mer intérieure baisse tout à coup de 200 mètres, elle se partagera en trois nappes distinctes :

Fig. 2. — Profil de la mer du Nord.

l'Italie rejoindra la Sicile, la Sicile s'unira par un isthme à l'Afrique, le détroit des Dardanelles et le Bosphore se fermeront, mais la porte marine de Gibraltar restera en libre communication avec l'océan Atlantique. Que le niveau baisse de 1,000 mètres, la mer Égée, le Pont-Euxin, le golfe Adriatique disparaîtront en entier, ou ne laisseront au fond de leurs bassins que des flaques sans importance, le reste de la Méditerranée se divisera en plusieurs caspiennes isolées ou communiquant entre elles par d'étroits canaux; enfin le seuil de Gibraltar joindra le promontoire terminal de l'Europe aux montagnes de l'Afrique. Une dénivellation de 2,000 mètres ne laisserait plus que trois lacs intérieurs : à l'ouest, un bassin triangulaire occupant le centre de la dépression ouverte entre la France et l'Algérie; au milieu, une longue cavité se dirigeant de la Crète vers la Sicile; à l'est, un creux situé au large des côtes d'Égypte. La plus grande profondeur méditerranéenne, dépassant 4,000 mètres, est au nord des Syrtes, presque au centre géométrique du bassin.

Dans l'état actuel de la science, il est impossible de dresser, pour les profondeurs de l'Atlantique méridional, des cartes approximatives semblables à celles que l'on peut construire pour les fonds de l'Atlantique du Nord et de la Méditerranée; mais parmi les divers sondages qui semblent authentiques, il en est un, celui du capitaine anglais Denham, qui indique la profondeur énorme de 13,900 mètres. Des mathématiciens ont essayé de calculer la profondeur moyenne de tout le bassin de l'Atlantique austral par la vitesse de translation des vagues de marée. D'après leur calcul, c'est à 9,000 mètres environ que cette moyenne pourrait être fixée.

C'est d'une manière analogue qu'on a procédé pour évaluer d'une manière approchée la profondeur de l'océan Pacifique. Lors du terrible tremblement de terre du 23 décembre 1854, qui détruisit en partie plusieurs villes japonaises, entre autres Yeddo et Simoda, les vibrations de la surface marine traversèrent en douze heures et quelques minutes un espace océanique de 11,000 kilomètres. Le professeur Franklin Bache put calculer en conséquence la vitesse des ondes et la profondeur de l'Océan à travers lequel elles s'étaient propagées : cette profondeur est en moyenne de 4,285 mètres. D'ailleurs, les divers sondages authentiques exécutés dans le bassin septentrional du Pacifique, entre la Californie et les îles Sandwich, confirment ce résultat du calcul, puisqu'ils indiquent des fonds variant de 3,600 à 4,700 mètres ; non loin de la côte de la Californie, on a trouvé 4,940 mètres. Pendant le tremblement de terre du 13 août 1868, dont le centre se trouvait près d'Arica (Pérou), et qui s'étendit sur un espace de 1,550 kilomètres, le long de la côte du Pacifique, de Callao à Copiapo, on a pu observer aussi les vagues d'ébranlement, dans les îles Chatham, dans la Nouvelle-Zélande, dans l'île isolée de Rapa, en Australie, aux îles Samoa, aux îles Sandwich, et l'on a déduit de la rapidité des lames une profondeur moyenne de 5,254 à 2,696 mètres.

Entre le Pacifique et la mer des Indes, au sud des îles de la Sonde, le capitaine Ringgold a trouvé le fond à plus de 14 kilomètres au-dessous de la surface. Ainsi l'on pourrait jeter dans cet abîme, non-seulement le Pélion sur Ossa, mais aussi le Gaouri-

sankar, la plus haute montagne du globe, et sur ce
pic, si l'on dressait encore le mont Blanc, le sommet de ce colosse du continent n'atteindrait même
pas la surface des flots.

On ne saurait guère évaluer à moins de 5 kilomètres la profondeur moyenne de toute la masse des
eaux marines, puisque déjà tout le bassin de l'Atlantique et celui du Pacifique boréal, que bordent les
grands continents du nord, sont plus profonds de
plusieurs centaines ou même de milliers de mètres.
En prenant pour la surface totale des océans une
étendue de 386 millions de kilomètres carrés, on
trouve que la mer forme un volume d'au moins
1,930 millions de kilomètres cubes, soit la 560e partie de la planète elle-même. Le relief continental est
donc beaucoup moins haut que la mer n'est profonde : on peut évaluer les terres émergées à un
quarantième environ de la masse des eaux. D'ailleurs, ces terres elles-mêmes renferment aussi une
énorme proportion d'humidité entrant chimiquement dans la composition des roches.

En général, le sol sous-marin s'étend en grandes
surfaces à longues ondulations et à pentes douces.
Les matelots que le vent ou la vapeur emporte
rapidement sur les eaux, et qui jettent le plomb de
sonde à des distances assez éloignées les unes
des autres, sont tentés de s'exagérer l'importance
des inégalités du fond et de voir des « sauts » et
des précipices là où la déclivité du sol est en réalité peu considérable. Toutefois des escarpements
pareils à ceux des montagnes de la surface continentale se présentent très-rarement. La pente sous-
marine la plus roide qui soit connue se trouve au

large du cap Cañaveral, à l'est de la Floride : à 2775 mètres de distance, la sonde touche le fond à 849 mètres et à 1947 mètres; l'inclinaison entre les deux points est donc de 1098 mètres ou de près de

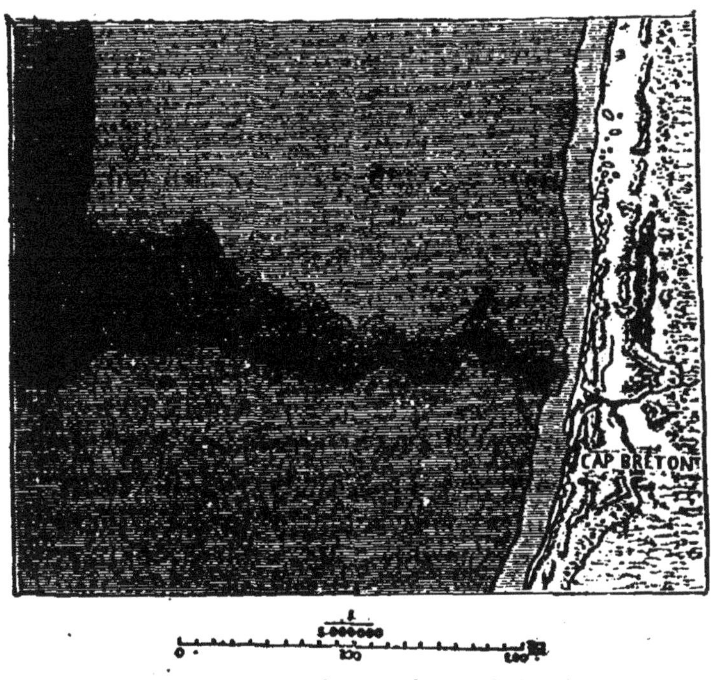

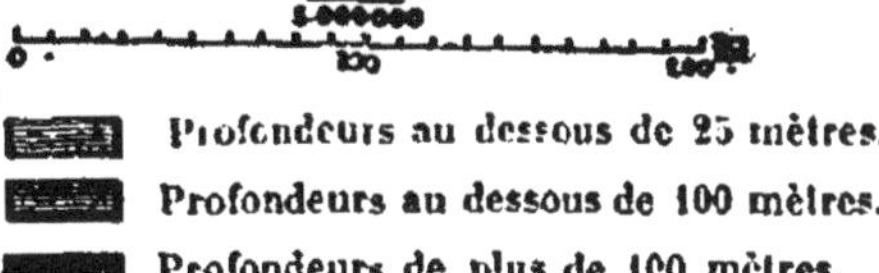

Profondeurs au dessous de 25 mètres.
Profondeurs au dessous de 100 mètres.
Profondeurs de plus de 100 mètres.

Fig. 3. — Le gouffre de Cap Breton.

40 pour cent. L'étrange gouffre de Cap Breton sur la côte des Landes, au nord de Bayonne, est aussi un exemple assez étonnant de brusques déclivités océaniques (fig. 3).

On peut se faire une idée du lit des mers en parcourant les contrées émergées à une époque relativement récente. Les Landes françaises, les terres basses qui ont remplacé le golfe du Poitou, une grande partie du Sahara, les pampas de la Plata fournissent des exemples remarquables de la régularité d'inclinaison qu'offre en général le fond des mers. Si les tremblements et les ruptures du sol, les volcans et les lentes oscillations de la croûte terrestre ne travaillaient pas de leur côté à rendre plus nombreuses les inégalités du relief planétaire, il est certain que l'apport incessant des alluvions fluviales, les débris de rocs sciés par les flots, et surtout les restes de ces organismes pullulants qui remplissent la mer, auraient pour résultat d'égaliser le fond des océans et d'en transformer les abîmes en dépressions aux pentes à peine marquées; les eaux, de leur côté, envahiraient graduellement la surface des continents, puis, après des myriades de siècles, la terre redeviendrait ce qu'elle fut jadis, un sphéroïde recouvert sur tout son pourtour d'une couche liquide d'épaisseur uniforme.

II

Composition de l'eau de mer. — Transparence et couleur
de l'Océan.

En outre des limons, des restes d'animalcules et des innombrables débris qu'elle tient en suspension, l'eau de mer est aussi chargée de substances chimiques en solution, qui lui donnent un poids spécifique notablement supérieur à celui de l'eau douce. Ce poids, qui varie dans toutes les mers, suivant la

quantité des substances dissoutes, le taux de l'éva·
poration, les apports des fleuves, des pluies, la direction des courants et des contre-courants, est en
moyenne, pour les océans aux bassins profonds, de
près de 1,028, c'est-à-dire qu'un mètre cube d'eau
marine pèse 1,028 litres, 28 litres de plus qu'un
même volume d'eau distillée. Quant à la *salinité*,
c'est-à-dire à la quantité moyenne de tous les sels
contenus dans la mer, elle est, d'après Forchhammer,
de 34,40 parties sur 1000. La proportion du sel marin est toujours d'un peu plus des trois quarts de la
salinité totale (75,786). Après le sel marin ou chlorure de sodium viennent par ordre d'importance le
chlorure de magnésium, les sulfates de magnésie et
de chaux, le chlorure de potassium, le bromure de
magnésium et le carbonate de chaux.

Dans les bassins presque fermés, comme la Méditerranée, la mer des Antilles, la Baltique, la mer
Rouge, la salinité doit être évidemment plus ou
moins forte que celle de l'Océan, suivant que l'évaporation est en excès sur l'eau douce apportée par
les fleuves et les nuages, ou bien leur est inférieure.
Ainsi la Méditerranée est plus salée que l'Atlantique (38 et 39 pour 100) parce que la quantité d'eau
qui s'échappe en vapeurs y est relativement plus
considérable. La mer Rouge, dans laquelle ne se
jette pas un seul cours d'eau permanent et où l'évaporation se produit avec une grande intensité, présente l'énorme salinité de 43 millièmes, proportion
qui se retrouve seulement dans les lacs salés de l'intérieur des terres. En revanche, la salinité de la Baltique, mer peu profonde où viennent affluer tant de
rivières et où le moindre vent modifie la teneur des

eaux, ne s'élève pas tout à fait à 5 millièmes; dans le port de Cronstadt, elle n'est pas même de deux tiers de millièmes : c'est presque de l'eau douce.

L'épaisseur de la couche de chlorure de sodium cristallisé qui se formerait dans la haute mer serait en moyenne de 14 millimètres par mètre d'eau, de sorte que si l'on pouvait s'imaginer l'évaporation des eaux de l'Océan, il resterait au fond de son lit, évalué à 5 kilomètres de profondeur, une assise de sel épaisse de 70 mètres en moyenne, ce qui représenterait pour toute la mer plus de 27 millions de kilomètres cubes. On comprend qu'avec des quantités aussi considérables de chlorure de sodium en solution les eaux aient pu suffire à former les énormes couches de sel gemme qui se trouvent dans la terre en diverses parties des continents, sans compter bien d'autres gisements qui restent encore à découvrir et qui nous seront révélés par les travaux des mineurs ou les forages artésiens.

Les divers corps simples que la science a pu reconnaître dans l'eau de mer, soit directement par l'analyse du liquide, soit indirectement par l'étude des plantes qui tirent toute leur nourriture de l'Océan, sont au nombre de vingt-huit. Après l'oxygène et l'hydrogène, qui constituent la masse liquide elle-même, les principaux éléments contenus dans l'eau marine sont : le chlore, l'azote, le carbone, le brome, l'iode, le fluor, le soufre, le phosphore, le silicium, le sodium, le potassium, le bore, l'aluminium, le magnésium, le calcium, le strontium, la baryte. Le fucus ordinaire et les autres varechs renferment la plupart de ces substances ainsi que plusieurs métaux. On a découvert du cuivre, du plomb, du zinc dans les cendres du *fucus vesiculosus*; du cobalt, du nickel, du manganèse dans celles de la *zostera marina*. Le fer peut être obtenu directement par l'analyse de l'eau de mer; enfin l'argent se trouve dans un zoophyte, le *pocillopora*. Forchhammer a retiré d'une branche de ce corail environ un trois-millionième d'argent mêlé à six fois la même quantité de plomb. Une faible proportion d'argent se précipite sur la carène des navires par suite du courant magnétique établi entre le doublage de cuivre et l'eau de mer environnante. Enfin dans les chaudières de bateaux à vapeur alimentées d'eau de mer, on a trouvé de l'arsenic. Il est vrai que ces diverses substances n'existent dans l'eau qu'en proportions infinitésimales, et c'est uniquement par des moyens indirects que la chimie parvient à les révéler : la masse totale de l'argent qui se trouve dans la mer immense est évaluée seulement à 2 millions de tonnes.

En dépit de toutes ces substances dissoutes ou tenues en suspension dans l'eau marine, celle-ci est en beaucoup d'endroits d'une transparence étonnante. Les marins témoignent d'une manière uniforme que dans certains parages on reconnaît distinctement la couleur du fond à 20, 30 et même 45 mètres au-dessous de la surface. D'après Scoresby, le consciencieux explorateur des mers polaires, le fond des eaux pures de ces régions resterait parfois visible jusqu'à 130 mètres de profondeur. Rien de plus beau que de voguer sur une de ces mers peu profondes, comme celles du Honduras et du Yucatan, où, tout en voyageant sans crainte des écueils, l'on ne cesse de voir le lit des eaux se dérouler au loin sous la proue du navire. Les algues nombreuses, vertes ou roses, ondulent gracieusement comme les herbes d'un ruisseau ; les coquillages rampent sur le fond ; les cétacés, les poissons, les étoiles de mer aux couleurs éclatantes, et tant d'autres animaux aux formes étranges glissent lentement ou s'élancent comme des flèches à travers l'eau bleue brillant de mille lueurs changeantes; les némertes et autres rubans animés déploient mollement leurs anneaux transparents : on pourrait se croire suspendu au-dessus d'une autre terre et flotter dans un navire aérien. L'écume blanche des vagues que soulève la quille du vaisseau et les couleurs irisées qui font resplendir les gouttelettes éparses ajoutent encore au charme de ce merveilleux tableau.

Même lorsque le fond n'est pas distinctement visible, il ne laisse pas de se révéler par la nuance particulière qu'il donne aux eaux : en général, la couleur de la mer est moins foncée dans le voisinage des côtes; et jusqu'à 200, peut-être même à 300 mètres de profondeur, une vague pâleur annonce parfois au regard exercé la proximité relative du fond. Non loin des côtes du Pérou, de Tessan s'aperçut que la mer avait pris tout à coup une teinte d'un vert-olive foncé, et quand il fit jeter la sonde, il se trouva que la vase du fond était précisément de cette même couleur. De nombreux navigateurs ont constaté que, au sud de l'Afrique, sur une partie du banc des Aiguilles où la masse liquide n'a pas moins de 200 mètres d'épaisseur, la mer passe subitement du bleu au verdâtre. Enfin, au large de Loango, les eaux ont toujours une couleur brune, répondant à celle du fond, que Tuckey a trouvée d'un rouge intense.

Il est difficile de savoir quelle est la couleur propre de l'eau marine. Sans parler de colorations locales provenant, de même que la phosphorescence, d'animalcules sans nombre[1], les diverses parties de l'Océan offrent presque toujours, quel que soit l'état de l'atmosphère, une teinte normale facile à distinguer des nuances accidentelles. Ainsi, pour citer un des contrastes les plus saisissants, dans le golfe de Gascogne l'eau est d'un vert sombre, tandis que dans le golfe du Lion elle est d'un magnifique azur, plus foncé que celui du ciel. La merveilleuse couleur bleue qui remonte des profondeurs de la grotte de Capri, si fréquemment visitée par les voyageurs, est un exemple bien connu du degré d'intensité auquel peut atteindre le bleu propre aux flots de la Méditerranée. Dans les parages de l'Atlantique tropical et de la mer du Sud, l'azur de l'Océan n'est pas moins beau que celui de la mer Tyrrhénienne et de l'Archipel, tandis que, dans la direction des pôles, l'eau prend graduellement une teinte verdâtre. Des physiciens ont conclu de ce fait que la réfraction des rayons lumineux, beaucoup plus vifs sous les tropiques, joue le principal rôle dans la coloration bleue des mers.

III

Température de la mer. — Formation des glaces. — Glaçons, banquises et montagnes de glace.

La nappe superficielle de l'eau marine offre en moyenne, sous tous les climats, le même degré de

[1] Voir ci-dessous

chaleur que l'atmosphère surincombante. Des régions polaires à la zone équatoriale l'eau se réchauffe donc assez régulièrement, et du point de congélation, sous le cercle glacial, la température s'élève à 20 et 25 degrés sous les tropiques, même à 30 degrés et jusqu'à plus de 32 degrés dans le Pacifique, dans la mer Rouge et l'océan Indien.

La distribution de la température dans le sens vertical, de la surface au fond de la mer, est précisément l'inverse de ce qui se produit sur les continents, de la base au sommet des montagnes. Dans la mer, la chaleur décroît de haut en bas, tandis que sur la terre et dans l'atmosphère, elle décroît de bas en haut. En effet, l'eau froide est la plus lourde et tend par conséquent à descendre; l'eau tiède est plus légère et doit chercher à monter à la surface. Il en résulte que lors d'un équilibre parfait des eaux de la mer, les couches aqueuses sont de plus en plus froides à mesure que la profondeur augmente. Si la mer n'était point salée, l'eau dont la température est comprise entre 4 degrés centigrades et le point de glace devrait remonter au-dessus des couches à 4 degrés, puisque dans l'eau douce cette chaleur correspond à la plus forte densité (fig. 4); mais l'eau de mer n'atteint ce maximum qu'à moins de 2 degrés au-dessous du point de glace ou même à des températures de — 4° et de — 5°,5. Les sondages faits dans les mers du nord de l'Europe par MM. Carpenter et Wyville Thomson, au moyen des appareils thermométriques les plus délicats, ont donné le contrôle de l'expérience à ce phénomène de décroissance de la température annoncé par nombre de physiciens.

Dans les mers polaires, l'abaissement de la tem-

L'OCÉAN 21

pérature a pour conséquence la formation des glaces. Pendant les longs hivers de ces froides régions,
l'eau tranquille des baies et des golfes se congèle
sur le pourtour des cô-
tes, et la masse cristal-
line, gagnant incessam-
ment sur les mers, finit
par s'étendre au large
jusqu'à de très-grandes
distances. C'est la « glace de terre. » La sur-
face marine disparaît,
comme celle des lacs,
sous une couche solide;
mais le mode de for-
mation de la croûte gla-
cée diffère ; car, dans
les fleuves et les bas-
sins d'eau douce, les
cristaux se montrent
d'abord presque tou -
jours à la superficie, et
dans les mers qui n'ont
pas une grande pro -
fondeur, c'est générale-
ment sur le lit même
que la masse liquide
se congèle. En effet,
tandis que dans les ri-
vières les eaux qui s'a-
baissent vers le fond ont une chaleur normale de
4 degrés, supérieure au point de congélation, l'eau
marine qui tombe vers les profondeurs peut avoir été

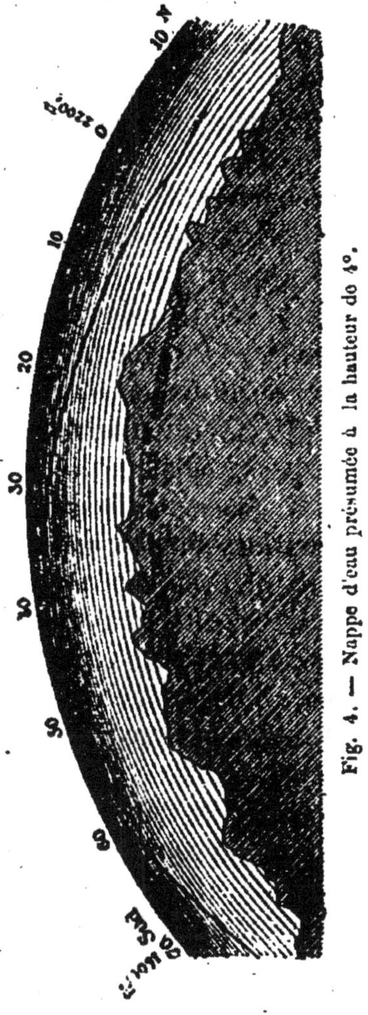

Fig. 4. — Nappe d'eau présumée à la hauteur de 4°.

refroidie jusqu'à zéro ou même à plusieurs degrés au-
dessous; lorsque la masse n'est point agitée, elle
reste liquide, puis sous un ébranlement quelconque
elle se prend subitement. Parfois, au commencement
de l'hiver, les marins et les pêcheurs de la Baltique
et des côtes occidentales de la Norvége se voient
tout à coup environnés de glaçons, qui s'élèvent du
lit de la mer et dont les plaques contiennent encore
des fragments de fucus. L'apparition se produit
d'une manière tellement rapide que souvent les
bateaux courent le risque d'être écrasés entre les
masses solides qui s'entassent autour d'eux, et l'é-
quipage se trouve en danger. Au large des côtes rocheuses du Groenland, du Labrador, du Spitzberg,
ces glaces de fond soulèvent fréquemment de grosses
pierres arrachées des écueils.

Des glaces se forment aussi en plein Océan. En
hiver, lorsque l'air est calme et que la neige tombe
à gros flocons sur les flots tranquilles, la mer est
bientôt recouverte d'une sorte de bouillie qui se
change graduellement en pellicules de glace. Que
le vent brise cette couche à peine formée, et les petits fragments épars s'entourent de neige à demi
fondue, qui ne se mêle point à l'eau salée de la mer,
et qui brille faiblement de nuances irisées par les
rayons d'un soleil oblique; mais ce spectacle ne dure
point, et le froid reforme bientôt la couche glacée.
Même en dépit du vent et de la houle, d'innombrables aiguilles, qui donnent à la surface de l'eau une
apparence pâteuse, étendent souvent leur réseau sur
la surface liquide et bientôt se soudent en une couche épaisse que le froid de plus en plus rigoureux
grossit incessamment. Par la chimie naturelle dont

la mer est l'immense laboratoire, la masse glacée est en grande partie débarrassée du sel qu'elle renfermait ; car, d'après les observations de M. Walker, elle n'en contient plus qu'une proportion de 5 millièmes, soit environ le cinquième de la quantité normale.

Par suite des rencontres fréquentes qui ont lieu entre ces glaces ballottées des flots, elles prennent en général la même forme circulaire que les glaçons des fleuves : ce sont des rondelles d'un faible diamètre, légèrement relevées sur leurs bords ; les marins anglais les appellent « gâteaux de glace » (*ice-cakes*). Mais le froid devenant plus intense, ces disques finissent par adhérer les uns aux autres, et bientôt des milliers d'entre eux, unis en un vaste champ, forment des îles qui s'étendent jusqu'aux extrémités de l'horizon. Plusieurs « banquises » ont des centaines de milliers de kilomètres carrés, ou même constituent de véritables continents.

Les banquises s'élèvent en moyenne de 1 à 2 mètres au-dessus de l'eau, et leur base descend jusqu'à 6 ou 8 mètres sous la surface ; elles sont quelquefois d'une assez grande uniformité d'aspect, et, quand la neige en recouvre toutes les inégalités, paraissent transformées en plaines unies comme les steppes russes. Cependant la glace est beaucoup plus souvent rugueuse ; fragments de banquises, blocs et débris de glaciers, jadis voguant séparément sur la mer, puis juxtaposés par les courants et soudés par le phénomène du regel, sont mêlés en un véritable chaos. Des monticules bizarres, formés de tous les débris qu'ont rejetés les glaçons en se heurtant les uns contre les autres, apparaissent çà et là, érigés à la hauteur de plusieurs mètres ; il en est même que l'on pourrait confondre avec les énormes blocs tombés des glaciers du Groenland ou du Spitzberg, et qui ne s'en distinguent que par la saveur légèrement saline de leur glace. Ces amas dominent au loin la mer et restent encore debout longtemps après que la banquise est fondue.

Au printemps et en été, lorsque les chaleurs commencent dans la zone polaire, l'effort des courants, dont l'action se fait constamment sentir sous les banquises, détache d'énormes champs de glace ayant parfois plusieurs centaines de kilomètres de largeur, et les emporte au loin vers la haute mer. Les navires qui se trouvaient pris dans la couche glacée sont alors entraînés à la dérive avec le fragment de banquise. Souvent les courageux explorateurs qui s'étaient avancés jusqu'au delà de la mer de Baffin ont été ramenés ainsi par le courant à des centaines et à des milliers de kilomètres en arrière. En 1777, dix navires hollandais dérivèrent avec les glaces du Spitzberg de plus de 2,000 kilomètres vers le sud-ouest, et furent broyés en route. C'est un semblable phénomène qui empêcha peut-être le capitaine Parry d'atteindre le pôle Nord. S'étant déjà rapproché de ce point plus que tous les navigateurs précédents, il s'était lancé sur un traîneau à travers la banquise ; mais chaque jour, malgré la grande distance parcourue dans la direction apparente du pôle, il se trouvait plus éloigné que la veille du but vers lequel il marchait : c'est que le continent de glace qui le portait était lui-même entraîné rapidement du côté du sud. Parfois, des ours blancs, voiturés par les glaçons, prennent pied sur les côtes de la Laponie.

En 1869, l'équipage du navire allemand *Hansa*, abandonnant le bâtiment brisé, débarquait avec ses canots sur la glace et se laissait porter vers le sud pendant 237 jours.

En fondant, les banquises entraînées par les eaux se divisent en fragments qui se heurtent, se brisent, se ressoudent parfois et par suite du changement de leur centre de gravité se dressent en tours et en aiguilles. Mais au milieu de ces débris flottent des masses bien autrement puissantes, les pans de glaciers qui se sont détachés des montagnes du Groenland, du Spitzberg et des autres terres du pôle boréal, soit en s'écroulant parce qu'ils se trouvaient en surplomb au-dessus des eaux relativement tièdes qui en rongeaient la base, soit en remontant des profondeurs de l'eau glacée sous laquelle ils avaient continué de glisser.

Ces rochers d'apparence cristalline que charrie l'Océan sont la splendeur des eaux polaires. De dimensions souvent colossales, ils offrent parfois une architecture d'une régularité presque parfaite; mais ils prennent aussi les formes les plus variées et les plus bizarres : ce sont de hautes tours, des colonnes accouplées, des groupes de sculpture, des statues se dressant au-dessus de la mer comme des dieux de marbre. Dans les eaux relativement tièdes, comme celles du Spitzberg, que vient réchauffer le Gulf-Stream, la glace est incessamment rongée, et la partie des masses flottantes qui s'élèvent au-dessus de la surface marine prend d'ordinaire l'apparence d'une sorte de pilier portant un large chapiteau plus ou moins incliné et frangé de stalactites. L'assise du sommet est blanche et parfois revêtue de neige,

tandis que les cannelures du pilier, dont la glace
plus compacte est battue par le flot, ont la couleur
de l'émeraude ou du saphir. Les soubassements des
colonnes sont percés de grottes dans lesquelles l'eau
s'engouffre avec un sourd murmure; parfois ils sont
criblés de trous d'un petit diamètre d'où chaque
flot s'élance en jets divergents. Les gerbes argentées
jaillissent alternativement de chaque côté du pilier,
suivant les balancements que lui imprime la mer.

Fig. 5. — Montagnes de glace, d'après Wilkes.

Les masses les plus considérables détachées des
glaciers sont connues sous le nom de montagnes de
glace (*ice-bergs*) (fig. 5). Le docteur Wallich a pu en
mesurer quelques-unes sur les côtes du Groenland,
et il a trouvé que pour les blocs de forme régulière,
la partie située au-dessus du niveau de la mer n'est
jamais en hauteur que du quatorzième au seizième
de la partie plongeant dans les eaux. Quant aux
masses dont la portion émergée se termine en cône
ou en pyramide, elles descendent à une profondeur
d'autant moins grande qu'elles offrent au-dessous de
l'eau un volume plus considérable; mais l'élévation

totale de la montagne de glace dépasse toujours de sept à huit fois la hauteur de la partie visible.

Par ces proportions on peut juger de la grandeur réelle des masses qui flottent au loin dans l'Atlantique. On a vu des blocs énormes qui se dressaient à 100, 120 et 150 mètres de hauteur, de sorte que ces fragments de glaciers avaient au moins 1,000 mètres du sommet à la base, c'est-à-dire l'élévation des plus grandes montagnes de l'Angleterre et de l'Irlande. M. Hayes, le voyageur polaire, en a mesuré qui n'avaient pas moins de 5 à 6 kilomètres de tour. Ces prodigieux cristaux descendent des mers boréales dans le bassin central de l'Atlantique, avec un mouvement de 120 à 200 mètres à l'heure, progrès à peine sensible au regard. Des multitudes d'entre eux vont échouer sur le banc de Terre-Neuve, incessamment exhaussé des débris qu'ils transportent ; d'autres voguent sur les courants en longues flottilles. Au large de Terre-Neuve, ces convois de montagnes sont très-redoutables pour les navigateurs. Environnés de brouillards à cause du contraste de leur température avec celle des eaux tièdes venues du Midi, les débris gigantesques du glacier ne se révèlent aux marins que par d'étranges reflets blanchâtres et souvent par le froid intense de l'atmosphère environnante ; mais parfois, quand on vient de reconnaître cet indice du péril, il est déjà trop tard pour éviter le choc. Des centaines de navires abordés par les glaces ont ainsi disparu avec leurs équipages dans les froides eaux de l'Océan. Heureusement ces débris de glaciers diminuent bien vite en nombre et en hauteur dès qu'ils sont entrés dans la zone du Gulf-Stream ; rongés à la base par les eaux tièdes du courant, ils chavirent, se brisent, se désagrégent complétement, et vers le 40e degré de latitude, il est rare qu'on en retrouve encore quelques glaçons. Cependant les *Deux-Louises* auraient rencontré en 1830, entre Gibraltar et les Açores, par 36 degrés de latitude, une montagne flottante portant les débris d'un navire norvégien. Bien plus, on aurait vu en 1818 des blocs de glace près de Cuba, par 22 degrés de latitude.

Dans l'hémisphère antarctique ont lieu des phénomènes exactement semblables. Il paraît seulement qu'en général les montagnes de glace qui flottent des terres australes vers l'équateur offrent moins de variété dans leurs formes que celles de l'hémisphère opposé : ce ne sont pas des aiguilles et des dômes aux contours bizarres, mais plutôt des sortes de murs se dressant comme des falaises à 50 et 60 mètres d'élévation; du reste, ces masses flottantes sont peut-être en moyenne de dimensions encore plus considérables que les fragments tombés des glaciers arctiques. Cette forme des montagnes flottantes des mers australes doit être sans doute attribuée à la rigueur du froid qui règne dans la zone polaire du sud, et qui pousse les neiges et les glaciers des terres antarctiques plus avant dans la haute mer. Les fragments rompus sont portés par les courants principalement vers le sud de l'Afrique : on en a aperçu de la ville du Cap, par 34 degrés de latitude; on raconte qu'il en serait aussi entré dans l'estuaire de la Plata, à peu près à la même distance de l'équateur.

IV

Vagues de la mer. — Leur amplitude et leur hauteur.

La surface marine est rarement calme. Durant les jours où l'atmosphère est sans mouvement, l'eau est quelquefois presque unie en apparence ; tous les objets s'y reflètent avec une parfaite netteté de contours ; les seuls changements qui paraissent s'opérer sur l'immense nappe immobile sont ceux du mirage, qui fait resplendir l'horizon lointain comme une longue bande d'argent ou d'acier : les pêcheurs disent alors que « la mer se regarde. » Mais cette tranquillité de l'eau est un phénomène peu commun, si ce n'est dans la Méditerranée et les autres mers à marée faible. D'ordinaire les vents, brises ou tempêtes, tantôt secondant, tantôt contrariant le flux ou le reflux, soulèvent l'eau marine en vagues plus ou moins hautes, qui parfois se déroulent régulièrement et souvent aussi se heurtent et se croisent. Même pendant les calmes, les flots, obéissant encore à l'impulsion des vents antérieurs, continuent de se développer à travers l'Océan en longues ondulations. C'est un des spectacles les plus grandioses que ces plissements de l'onde par un temps paisible, alors que pas un souffle n'agite les voiles : hautes, bleues et sans écume, les masses liquides se succèdent à 200 ou 300 mètres d'intervalle, passent en silence sous le navire, et, pourchassées par d'autres ondes, vont se perdre au loin dans l'espace indistinct.

Ces vagues si parfaitement régulières ne peuvent se former que dans les mers parcourues de vents au souffle toujours égal, comme celui des alizés; partout où les courants atmosphériques avancent par bouffées ou bien sont tantôt retardés, tantôt accélérés dans leur marche, il est évident que les flots poussés par eux ne peuvent se dresser tous à la même élévation. Sous l'effort de ces masses aériennes, à l'impulsion variable, les rides de l'eau varient en hauteur et en vitesse, et leurs crêtes ne peuvent se développer en une longue ligne uniforme. En outre, le vent change fréquemment de direction; sollicité par quelque nouveau foyer d'appel, il commence à souffler d'un autre point de l'espace, et pousse les vagues dans une direction différente de celle qu'il leur avait lui-même imprimée. Toutefois lorsque le second mouvement se fait sentir, le premier dure encore pour les flots qui se pourchassent, et de cette double impulsion résulte un entre-croisement de vagues, distinctes les unes des autres. Que le vent saute à un autre point de l'espace, et une troisième ondulation va se croiser avec les précédentes; enfin, que le courant aérien fasse successivement le tour de l'horizon, et les plissements de l'eau vont se traverser dans tous les sens, accourant à la fois de toutes les parties du cercle immense; aucun souffle ne s'est perdu sur le niveau mobile, et la variété des ondulations témoigne de la diversité non moins grande des mouvements aériens qui leur ont donné naissance.

La figure 6 reproduit, d'après Ewbank, les courbes dessinées pendant une seule minute par un crayon suspendu verticalement dans la cabine d'un navire. Au moment où le crayon traçait ces lignes, le vent était faible et le mouvement des eaux très-modéré.

La hauteur des vagues n'est point la même dans
toutes les mers; elle est d'autant plus considérable
que le bassin est plus profond, que la surface est
plus librement parcourue des vents, et que l'eau,
moins salée, et par conséquent moins pesante,
donne plus de prise aux courants atmosphériques.
Ainsi, à égalité de superficie, les eaux du lac Supé-

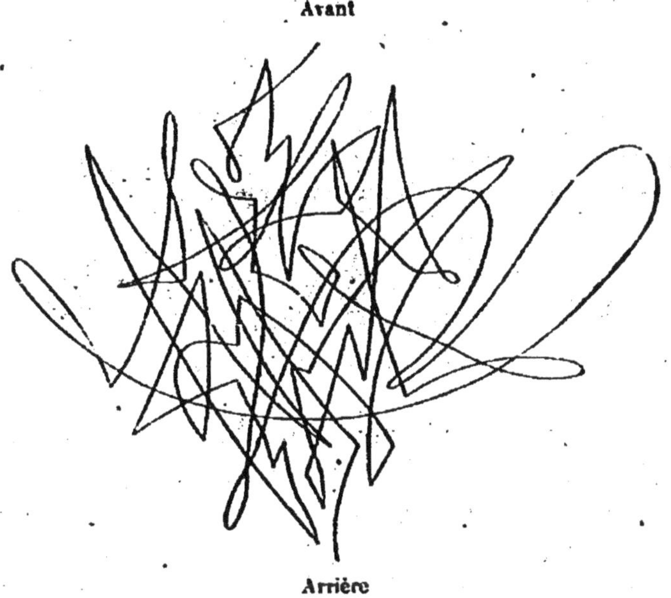

Fig. 6. — Oscillations d'un navire sur les vagues.

rieur sont soulevées en vagues plus hautes que
celles d'un golfe de l'Océan barré du côté du large
par des îles et des bancs de sable. A égalité de salure, ce sont les bassins les plus étroits qui doivent
présenter les vagues les plus courtes et les moins
hautes. Les flots de la Caspienne ne sont point comparables à ceux de la Méditerranée, qui, de leur
côté, sont de beaucoup dépassés en élévation par

ceux de l'Atlantique du nord, et ceux-ci, à leur tour, n'atteignent point à la hauteur des vagues de la mer Antarctique, étalée sur tout un hémisphère. D'après Dumont d'Urville et Fleuriot de Langle, on rencontrerait parfois au sud du cap de Bonne Espérance des vagues de 30 et 33 mètres de hauteur, au fond desquelles les navires descendent comme dans une vallée. Au milieu de l'Atlantique du nord, les vagues de tempête sont de 6 à 9 mètres, et dans la Méditerranée de 3 à 5 mètres et demi.

Quant à l'amplitude des vagues, c'est-à-dire à leur largeur totale de base à base, les divers observateurs n'ont point obtenu les mêmes résultats; mais

Fig. 7. — Amplitude d'une vague.

parmi eux il en est peu qui aient trouvé pour la crête du flot une hauteur verticale moindre que le quarantième de la largeur ou supérieure au douzième; en moyenne, la hauteur du plissement de l'eau ne présente que du quinzième au vingt-cinquième de la base; une vague de 1 mètre a 15 mètres de vallée à vallée, une vague de 10 mètres a 150 mètres d'amplitude (fig. 7). C'est là une proportion bien plus faible que ne le croirait le marin perdu au milieu des lames qu'il voit se dresser de toutes parts.

La vitesse des vagues n'est qu'une vitesse apparente, comme celle des plis d'une étoffe soulevée par un courant d'air; si l'eau comprimée par le vent se redresse et s'affaisse tour à tour, néanmoins elle ne change guère de place, et les objets qui s'y trouvent ne se meuvent qu'avec lenteur dans le sens de l'ondulation. Le mouvement réel de l'eau est celui du courant de dérive qui se forme peu à peu sous l'action prolongée du vent; mais ce mouvement général de la masse liquide est peu considérable. La seule fraction de l'onde qui marche avec la tempête est la crête écumeuse qui surplombe le sommet du pli et qui s'écroule sur la pente avancée. Par leur frottement incessant, ces parties supérieures des vagues s'accroissent graduellement en chaleur, ainsi qu'on a pu le remarquer après un grand nombre de fortes tempêtes.

Les physiciens ont beaucoup agité la question du mouvement des vagues dans le sens vertical. A quelle profondeur dans les abîmes de la mer pénètre l'action de l'onde superficielle? à combien de mètres peut-elle remuer le sable et les débris des bas-fonds? les expériences directes de Weber sur les mouvements des ondes ont prouvé que chaque vague propage son action dans le sens vertical jusqu'à trois cent cinquante fois sa hauteur. Ainsi tout flot de 30 centimètres seulement remue le lit de la mer du Nord, profonde d'environ 100 mètres; toute lame océanique de 10 mètres se fait sentir à 3 kilomètres et demi. Il est vrai qu'à ces profondeurs énormes, l'action du flot est pour ainsi dire idéale : car au-dessous de la surface elle décroît en proportion géométrique; mais à 50 ou à 100 mètres, les vagues sous-marines conservent encore une grande force, et l'on comprend que, lorsque des milliers et des millions d'entre elles sont arrêtées brusquement dans les anfractuosités des roches et sur les versants rapides des hauts-fonds, il doit se produire de violents remous qui reparaissent ensuite en « lames sourdes » à la surface. De là ces mers houleuses que les navires rencontrent parfois par un temps calme, et surtout dans le voisinage des bancs sous-marins; de là ces « lames de fond » qui, tout à fait inatten- dues, gonflent en un moment la nappe des eaux et mettent les bâtiments en danger; de là ces ras de marée formidables qui jaillissent des profondeurs de l'Océan et remontent soudainement la pente des rivages en détruisant tout ce qu'ils rencontrent sur leur chemin.

La hauteur à laquelle peuvent atteindre les jets de ces vagues, quand la configuration du fond et des écueils favorise leur mouvement, semble parfois tenir du prodige : la masse d'eau qui s'élance alors verticalement ne peut être comparée qu'à une cata- racte remontante. Smeaton a vu des lames recou- vrir le phare d'Eddystone et s'élancer encore en une trombe d'eau jusqu'à 25 mètres au-dessus du fanal; la masse qui se soulève ainsi autour de l'édifice ne peut être moindre de 2,000 à 3,000 mètres cubes, et pèse autant qu'un navire à trois ponts.

Quant à la pression exercée par de telles masses lancées avec une grande force d'impulsion, elle n'est pas moins étonnante. Thómas Stephenson a trouvé que la puissance de l'eau projetée contre le phare de Bell-Rock s'élevait à 17 tonnes par mè- tre carré; ailleurs, elle est de 30 tonnes et plus en- core. Avec une pareille force, le déplacement de blocs qui nous semblent énormes n'est qu'un jeu pour les vagues de tempête. A Cherbourg, les plus lourds canons de rempart ont été déplacés; à Biar- ritz, des blocs de 36 tonnes ont été projetés horizontalement à 10 et à 12 mètres. A Saint-Jean-de-Luz, les lames sont peut-être encore plus redoutables; aussi quelques-unes des masses de pierre que l'on emploie pour construire la digue du Socoa, à l'entrée de la rade, n'ont-elles pas moins de 60 et 70 mètres cubes. Et pourtant la puissante muraille ne serait pas encore assez puissante, si elle n'était en outre défendue par des pierres jetées au hasard et constituant, en avant de la digue, une rangée d'écueils protecteurs.

V

Les courants océaniques. — Le courant équatorial et les courants polaires. — Le *Gulf-stream*. — Le *Kuro-Sivo*. — Le courant de Humboldt. — Courants latéraux.

Les mouvements réels de la mer, qui se montrent par les courants et qui sont beaucoup moins visibles aux regards que les déplacements apparents produits par les vagues, ont néanmoins une bien plus haute importance dans la vie planétaire : d'énormes couches liquides, ayant jusqu'à des milliers de kilomètres en largeur et des centaines de mètres en profondeur, sont entraînées à travers les bassins océaniques et tournoient incessamment, comme par un remous, dans chaque mer du globe. Les courants ne sont autre chose que l'Océan lui-même en mouvement, et par eux les eaux marines sont successivement réparties dans tous les parages de la sphère.

Le bassin équatorial, incessamment réchauffé par les rayons solaires, perd une très-grande quantité d'eau, qui se transforme en vapeur et monte dans les hautes couches de l'air pour se condenser en nua-

ges. En admettant que l'évaporation annuelle soit de
4 mètres seulement, ce qui est sans doute un chiffre inférieur à la réalité, la quantité de liquide enle-
vée à l'Atlantique dans la zone tropicale dépasserait
100 trillions de mètres cubes et représenterait par
conséquent une masse cubique d'eau de plus de
40 kilomètres de côté. Il est vrai qu'une partie considérable de ces vapeurs, la moitié peut-être, retombe
avec les pluies dans la mer d'où elle s'est élevée;
mais une très-forte proportion des nuages est entraî-
née par les vents dans les mers situées en dehors des
tropiques et sur les continents voisins. Près de l'é-
quateur, l'évaporation enlève donc à l'Océan beaucoup plus d'eau que ne lui en rendent les nuages du
ciel et, par suite, il se forme un vide immense que
peuvent seules remplir les masses liquides venues des
bassins polaires, où l'apport des neiges, des pluies et
des glaces dépasse la perte en vapeur. Ces masses
liquides surabondantes se précipitent, en effet, vers
le bassin de la zone torride, et forment les deux
grands courants qui, des pôles opposés du globe, vont
à l'encontre l'un de l'autre dans l'Atlantique et le
Pacifique, et marchent sans cesse en décrivant un
orbe régulier comme celui des corps célestes. D'ailleurs, l'excès d'évaporation qui se produit dans les
eaux tropicales n'est point la seule cause de ce grand
mouvement des mers polaires vers la zone torride.
Les eaux froides de la zone polaire sont plus denses
que les eaux tièdes de la zone équatoriale dans la
proportion d'environ 5 millièmes et, par suite de
l'inégalité du poids spécifique, le courant d'eau plus
lourde doit s'écouler vers le sud, tandis que le contre-courant plus léger doit se diriger vers le nord.

Quand les eaux qui affluent du nord et du sud arrivent dans les parages des tropiques, elles sont reprises par un nouveau courant dont la véritable cause est le mouvement de rotation qui emporte la terre autour de son axe. En effet, grâce à la fluidité de leurs molécules, les couches liquides n'obéissent point d'une manière absolue au mouvement de projection de la planète qui les entraîne de l'ouest à l'est; en descendant des pôles à l'équateur et en traversant ainsi des latitudes dont la vitesse autour de l'axe du globe est plus forte que la leur, elles obliquent constamment à l'ouest, et ce retard continuel sur la marche de rotation devient, relativement aux rivages immobiles de la mer, un mouvement apparent de l'orient à l'occident. En se rencontrant sous la zone tropicale, les courants polaires, qui obéissent tous les deux à la dérive, se frappent obliquement, puis se réunissent en un même fleuve océanique et se portent directement vers l'ouest, en sens inverse du mouvement du globe. Il est probable aussi, comme l'affirmait déjà Kepler, et comme le répétait Kant, que la simple force centrifuge suffirait à faire mouvoir dans le sens de l'est à l'ouest les eaux de la zone équatoriale. Telle est la raison qui a fait donner à ce courant par M. Mühry le nom de « courant de rotation, » tandis que les deux autres, attirés des pôles, sont « des courants thermaux. » Ce sont ces courants primaires qui déterminent tout le mouvement des eaux dans chaque bassin océanique. Les autres fleuves de la mer n'en sont que de simples dérivations, causées par la forme des continents.

Le courant équatorial, qui continue les courants polaires et forme avec chacun d'eux une vaste demi-circonférence, ne peut pas se développer librement sur toute la rondeur du globe. Arrêté dans l'Atlantique par le continent américain, dans le Pacifique par l'Asie et les archipels qui relient ce continent à la Nouvelle-Hollande, il se brise contre les rivages et se partage en deux moitiés, qui se replient dans la direction des pôles, l'une en descendant vers le sud, l'autre en remontant vers le nord. L'immense fleuve reflue ainsi vers sa source; mais en même temps, le mouvement de rotation terrestre qui le faisait incessamment dévier vers l'ouest le fait maintenant obliquer dans la direction opposée. Sous l'équateur, la vitesse de la surface terrestre autour de l'axe de la planète étant plus considérable que sous les autres latitudes, les eaux qui affluent des mers tropicales dans les mers tempérées sont animées d'un mouvement plus rapide vers l'est que le milieu dans lequel elles se trouvent; elles dévient par conséquent dans le sens de l'orient, et quand le courant de retour atteint les mers polaires, il semble venir de l'ouest. Ainsi se complète le grand circuit des eaux dans chaque hémisphère. L'Atlantique et le Pacifique ont chacun leur double système circulatoire, formé de deux remous immenses unis dans la zone torride par un courant équatorial commun. Quant à l'Océan des Indes, limité du côté du nord par le continent d'Asie, il n'a qu'un courant simple, tournant incessamment en son vaste bassin entre l'Australie et l'Afrique.

De tous les fleuves océaniques, le mieux connu est cette partie du courant de l'Atlantique boréal que les Anglais et les Américains ont appelé *Gulf-stream* ou courant du Golfe, parce qu'il se développe en un long circuit dans le golfe du Mexique avant d'atteindre l'Océan. D'ailleurs, aucune des masses d'eau qui se déplacent sur la mer ne mérite d'être mieux étudiée dans tous ses détails ; aucune n'a plus d'importance pour le commerce des nations et n'exerce une influence plus considérable sur les climats : c'est au Gulf-stream que les Iles-Britanniques et les autres contrées de l'Europe occidentale doivent en grande partie leur douce température, leur richesse agricole et, par suite, une part très-notable de leur puissance matérielle et morale.

Après avoir fait en six mois le tour de la mer des Caraïbes et du golfe du Mexique, le Gulf-stream suit les côtes septentrionales de Cuba, puis contourne la pointe méridionale de la Floride, et pénètre dans le détroit qui sépare le continent américain des îles et des bancs de Bahama. Grossi de la masse d'eau que lui envoie directement le grand courant équatorial par les détroits de l'archipel, et surtout par le Vieux-Canal de Bahama, le Gulf-stream coule droit au nord et s'élance dans l'Océan par une embouchure de 59 kilomètres de largeur, et d'une épaisseur moyenne de 370 mètres. Là, sa vitesse égale celle des principaux fleuves de la terre, puisqu'elle atteint parfois de 7 à 8 kilomètres par heure, mais d'ordinaire elle est d'environ 5 kilomètres et demi. La masse d'eau que débite le courant est évaluée diversement, sans compter celle qui s'échappe plus à l'est, entre les Bahama, à 33, 40 ou 45 millions de mètres cubes par seconde, c'est-à-dire à deux mille fois le débit moyen du Mississipi. Lorsque les vents de sud, d'ouest ou même de nord-ouest, et le mouvement des marées favorisent sa marche, ce courant roule vers l'Atlantique une quantité d'eau bien supérieure à la moyenne; en revanche, lorsqu'il est retardé par les tempêtes qui soufflent du nord-est, il déverse dans l'Océan une masse liquide beaucoup moindre : il se gonfle, s'élève, s'épanche avec fureur sur les terres basses qui le bordent, ravage de vastes espaces et fait disparaître des îles entières. A son embouchure dans l'Océan, le fleuve maritime se comporte comme les rivières qui parcourent les continents, il érode d'un côté, tandis que de l'autre il dépose des alluvions.

En sortant du détroit de la Floride, le courant du Golfe se déploie et s'étale sur l'Atlantique; mais en même temps sa vitesse devient moins considérable. Par le travers du cap Hatteras, sa marche ne dépasse jamais 5 kilomètres à l'heure, mais il est deux fois plus large qu'à la sortie du détroit, et s'étale sur un espace de 125 kilomètres. Vers le milieu de l'Atlantique, entre les Etats-Unis et la France, la vitesse du courant cesse d'être appréciable aux instruments, et la partie superficielle de l'eau reflue souvent en sens inverse sous l'impulsion des vents. La température de cette couche supérieure indépendante est à peu près la même que celle de l'air qui s'étend au-dessus; mais plus bas les sondages thermométriques révèlent une température normale assez élevée, qui est celle des eaux venues de la mer des Antilles. C'est même en mesurant l'épaisseur de ces eaux tièdes que l'on a pu en quelques endroits connaître la puissance du courant. Retenue par l'espèce de seuil que forme le piédestal sous-marin des Iles Britanniques et des archipels voisins, Ferœer, Shet-

tland, Orcades, la masse liquide du Gulf-stream
s'accumule peu à peu dans ces mers comme dans
un immense réservoir : au large des côtes de France
et d'Irlande, elle n'a pas moins de 1400 à 1500
mètres d'épaisseur. Non loin des Ferœer, elle est
moins considérable, mais elle descend jusqu'au fond
même de la mer ; dans ces parages, l'Océan tout entier se trouve occupé par les eaux du Gulf-stream.

Il est assez difficile de préciser la marche de ce
courant dans les mers de l'Europe occidentale, à
cause de l'énorme largeur de sa nappe mouvante.
On peut dire qu'il s'étale en réalité sur tout l'Océan,
des Açores au Spitzberg ; mais, ayant perdu en force
d'impulsion ce qu'il a gagné en étendue, il se laisse
infléchir en remous latéraux, jusqu'à ce qu'il soit
complétement détourné de son cours par les promo-
toires des côtes d'Europe. Seule, la partie du courant qui passe au nord de l'Irlande et de la Grande-
Bretagne, peut garder sa direction première. Elle
baigne toutes les îles situées entre l'Écosse et l'Islande, réchauffe les côtes de la Norvége, va fondre
en Laponie les glaces du port de Hammerfest, puis
se prolonge dans les mers polaires vers le Spitzberg. Ainsi que l'expédition suédoise l'a constaté en
1861, le courant se fait sentir même sur les rivages
septentrionaux de ce dernier archipel, puisque sur
la plage de Shoal-Point, située à plus de 80 degrés
de latitude nord, on a ramassé des graines d'une
plante des Antilles (*entada gigalobium*). Le courant
va baigner aussi les côtes occidentales de la Nouvelle-Zemble, car on y a trouvé des bouteilles provenant d'une verrerie de la Norvége et des filets de
pêcheurs scandinaves.

Comment ces eaux, qui s'étalent en large nappe à la surface des mers glaciales, continuent-elles leur marche vers le pôle ? Là commence en grande partie l'hypothèse ; on croit qu'elles se changent en courant sous-marin pour s'épancher, au-dessous des eaux venues du pôle, dans la large étendue de l'Atlantique boréal comprise entre la Nouvelle-Zemble et l'Islande. A l'ouest du Groenland, dans la baie de Baffin, elles coulent également au fond de la mer, car on a constaté, le long de cette côte, l'existence d'un courant littoral portant les glaces dans une direction exactement contraire à celle du courant qui suit à l'ouest les côtes du Labrador et qui sert de grand chemin aux banquises en débâcle. Les eaux de cette branche du Gulf-stream sont relativement tièdes ; la mer gèle peu sur le littoral qu'elles baignent, et le climat y est en moyenne de 5 degrés plus chaud que sur les rivages tournés vers l'orient.

C'est du 43ᵉ au 47ᵉ degré de latitude septentrionale, dans les parages du banc de Terre-Neuve, que le Gulf-stream, venu du sud-ouest, rencontre à la surface des mers le courant Polaire, découvert par les Cabot dès l'année 1497. La ligne de démarcation entre les deux fleuves océaniques n'est jamais absolument constante, et se déplace suivant les saisons. En hiver, c'est-à-dire de septembre en mars, le courant froid repousse le Gulf-stream vers le sud : car, pendant cette saison, tout le système circulatoire de l'Atlantique, vents, pluies et courants, se rapproche de l'hémisphère méridional, au-dessus duquel voyage le soleil. En été, c'est-à-dire de mars en septembre, le Gulf-stream reprend à son tour la prépondérance, et les parages où il entre en conflit avec le courant Polaire remontent vers le nord. Ainsi le grand fleuve ondulerait çà et là sur les mers, et, suivant la gracieuse expression de Maury, flotterait comme une banderolle au souffle de la brise ; mais il est probable que souvent la marche des deux courants en lutte n'est modifiée que d'une manière apparente, à cause des épanchements superficiels d'eau froide ou d'eau chaude.

Après s'être heurtées contre les eaux du Gulf-stream, celles du courant Arctique cessent en partie de couler à la surface et descendent dans les profondeurs, à cause du plus grand poids que leur donne leur basse température. On peut reconnaître la direction de ce contre-courant, exactement opposée à celle du Gulf-stream, par les montagnes de glace que la tiède haleine des latitudes tempérées n'a pas encore fondues et qui voyagent vers le sud-est, à l'encontre du courant superficiel, qu'elles partagent comme des proues de navire. Plus au sud, on ne reconnaît qu'au moyen des instruments de sonde l'existence de ce courant caché, dont les eaux froides servent de lit au fleuve chaud sorti du golfe du Mexique.

Toutefois une fraction des eaux du courant Polaire se maintient à la surface de la mer, et, glissant le long des côtes occidentales des Etats-Unis jusqu'à la pointe de la Floride, donne au Gulf-stream des limites nettement tracées. En général, l'eau froide venue des mers arctiques est animée d'une assez grande force d'impulsion pour obliger le courant du Golfe à se reployer sensiblement vers le sud. La partie la plus chaude et la plus rapide du Gulf-stream, qui forme précisément la bande gauche ou

occidentale du courant, se trouve immédiatement
juxtaposée à une nappe d'eau froide s'épanchant en
sens inverse, entre le Gulf-stream et les plages
américaines. Ce contre-courant, qui interpose les
eaux de la mer glaciale entre le rivage des Carolines
et le fleuve tiède sorti du golfe du Mexique, limite le
Gulf-stream comme une muraille glacée. Parfois la
ligne de démarcation entre les deux masses liquides
est tellement précise qu'elle est appréciable au regard et qu'on distingue le moment exact où le navire sort d'un courant pour fendre l'autre de son
taille-mer. L'eau du Gulf-stream est d'un bel azur,
celle du contre-courant est verdâtre ; la première
est saturée de sel, la seconde en contient une moindre proportion ; l'une est tiède, l'autre est froide et
le thermomètre, plongé alternativement dans les
deux liquides, marque aussitôt la différence des
températures. Sur la limite, le frottement des deux
masses d'eau coulant en sens inverse produit une
série de remous et de tourbillons qui donnent aux
fleuves de l'Océan un aspect analogue à celui des
rivières continentales. Parfois on peut même enten-
dre, pareil à un mugissement sourd, le bruit des
courants qui se disputent la surface de la mer. Des
herbes flottantes et autres débris se déplacent en
tournoyant sur la limite incessamment changeante
des deux fleuves en lutte.

Si le Gulf-stream projette vers le nord diverses
branches qui refluent ensuite avec les eaux polaires,
de même une autre branche, coulant vers le midi,
va gonfler le courant équatorial et compléter l'immense tournoiement de l'Atlantique. C'est grâce à
ce perpétuel circuit que la navigation à voiles a pu

rapprocher le nouveau monde de l'Europe occidentale. Si Colomb n'avait pas utilisé le courant semi-
circulaire qui porte des côtes de l'Espagne aux Antilles, il n'eût certainement pas découvert l'Amérique ;
si le pilote Alaminos et, depuis son premier voyage,
la plupart des navigateurs qui reviennent des Antilles
et des Etats-Unis n'avaient pas, à leur insu ou bien
en connaissance de cause, suivi le cours du Gulf-
stream, les côtes américaines seraient restées pra-
tiquement beaucoup plus éloignées de l'Europe
qu'elles ne le sont en réalité ; les colonies, devenues
prospères comme républiques indépendantes, seraient encore dans un déplorable isolement; la civilisation aurait été singulièrement retardée, ou même
arrêtée complétement, par suite de manque d'ali-
ments. La connaissance exacte de la direction que
le Gulf-stream suit à la « descente, » et que le
courant Polaire prend à la « montée, » ont permis
de réduire de moitié la longueur normale des tra-
versées entre l'Europe et les Etats-Unis (fig. 8).

Le grand circuit des eaux dans le Pacifique boréal
est aussi formé, dans sa demi-circonférence occidentale, par une espèce de Gulf-stream, appelé aussi
courant de Tessan, à cause du marin qui en a révélé
l'existence aux savants d'Europe ; mais depuis des
centaines et peut-être des milliers d'années, les Japonais le connaissaient sous le nom de Kuro-Sivo
ou « fleuve Noir, » sans doute à cause du bleu profond de ses eaux. Moins rapide que le Gulf-stream,
sa marche est cependant en moyenne de plus de 2
kilomètres à l'heure, et dans maint détroit elle dépasse de beaucoup cette vitesse. Au large de Yeddo,
sa température moyenne est de 24 degrés centigra-

des, soit environ 6 à 7 degrés de plus que les eaux
en repos qui se trouvent sur ses bords.

Déjà par le travers de la grande île du Japon, le

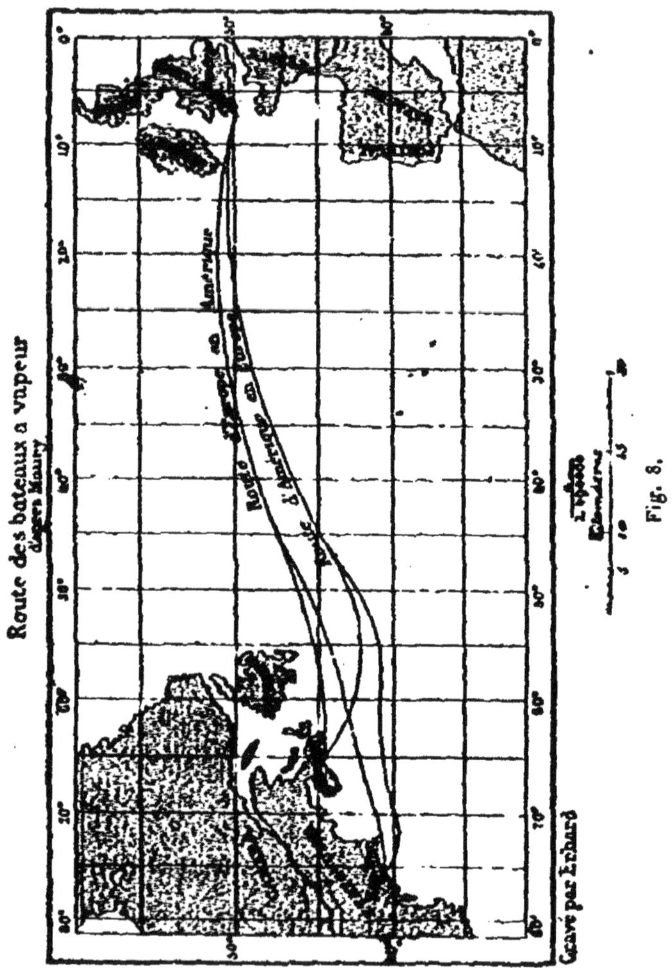

fleuve Noir, obéissant à la force d'impulsion que lui
a communiquée la rotation de la terre sous les latitudes tropicales, commence à se reployer vers le

nord-est et s'étale sur de vastes étendues. Au nord du Japon, il rencontre obliquement un courant d'eau froide sorti de la mer d'Ochotzk pour remplacer une partie du vide causé par l'évaporation dans les mers équatoriales. D'épaisses brumes, semblables à celles des bas-fonds de Terre-Neuve, reposent au-dessus des parages où s'opère le contact entre les eaux chaudes et les eaux froides ; des bancs de poissons peuplent également la zone maritime qui sert de limite entre les deux courants et où la pâture d'animalcules et de débris apportés des tropiques se joint à celle qu'ont charriée les flots venus du nord. Toutefois les phénomènes qu'offre la rencontre des deux courants n'ont pas la même grandeur dans le Pacifique boréal que sous les latitudes correspondantes de l'Atlantique, car les deux continents d'Asie et d'Amérique sont unis en réalité par un isthme sous-marin dont le seuil est à 120 mètres au-dessous de la surface. Au sud de cet isthme, la grande masse du Kuro-Sivo traverse le Pacifique boréal de l'est à l'ouest par une gracieuse courbe, puis s'infléchit graduellement vers le sud-est et vers le sud pour côtoyer les rivages de la Californie; enfin, dans le voisinage des tropiques, elle change encore de direction et va se perdre dans le courant Équatorial. Dans l'espèce de tourbillon formé par le circuit du courant s'étend une région maritime où flottent en immenses prairies des herbes marines, *sargasses* ou *varechs*.

Le Gulf-stream du Pacifique septentrional entraîne le long des côtes de Sitka et de Vancouver des masses liquides réchauffées par un long séjour sous les ardeurs du tropique, et par ses effluves, apporte le printemps à des régions qui sans lui subiraient un hiver très rigoureux. Il charrie sur ses flots les débris qu'il a reçus le long des côtes des Moluques, des Philippines et du Japon. Aux habitants des Aléoutiennes et de l'ancienne Amérique russe, il donne comme bois de chauffage les camphriers et les autres arbres odoriférants des terres du sud ; il sert aussi de grande route aux épaves, il entraîne les navires en détresse, et de nombreuses traditions racontent que des marins japonais, emportés par la dérive, abordèrent malgré eux sur les côtes de l'Amérique.

Parmi les autres courants célèbres de l'Océan, il faut citer, dans le Pacifique du sud, le courant de Humboldt, ainsi nommé d'après le célèbre voyageur qui a le plus attiré l'attention du monde savant sur ce fleuve des mers, d'ailleurs bien connu avant lui de tous les navigateurs du Pacifique. Il entraîne avec lui d'immenses blocs de glace, souvent remplis de pierres et de débris tombés des montagnes antarctiques, et par la fraîcheur de ses eaux, il produit un abaissement très-remarquable de la température dans tous les pays dont il baigne les rives. Humboldt et Duperrey ont constaté qu'au large des côtes de Callao et de Guayaquil, c'est-à-dire sous l'un des climats les plus secs et les plus exposés à la force des rayons solaires, le courant est en moyenne à 15 ou à 16 degrés centigrades, tandis que les mers avoisinantes sont plus chaudes de 11 et 12 degrés. Si l'air n'était constamment rafraîchi par le contact des eaux froides venues du pôle et par les vents qui soufflent de la mer, le Pérou, que les pluies arrosent si rarement, serait transformé en un autre désert de Sahara ; la vie de l'homme y deviendrait presque impossible. Par ce courant, les distances se trouvent aussi très-notablement diminuées, et Valparaiso, Coquimbo, Arica, Callao, sont en réalité moins éloignés de l'Europe qu'ils ne le paraissent sur la carte, car, après avoir contourné le cap Horn, les navires qui longent la côte occidentale de l'Amérique du Sud sont poussés de 20 à 30 kilomètres chaque jour par le courant. Enfin, ce fleuve marin, s'élargissant de plus en plus du côté de la haute mer, finit par abandonner le littoral et se reploie vers l'est pour mêler ses eaux à celles du courant Équatorial, qui se porte de l'est à l'ouest à travers le Pacifique, sur plus d'un tiers de la circonférence du globe, et avec une largeur moyenne de 5,500 kilomètres.

Les grands courants primaires se développant dans tout un bassin océanique, comme la mer du Sud, l'Atlantique boréal, l'Atlantique austral, l'océan des Indes, ont aussi leurs courants secondaires tournoyant dans les bassins latéraux formés par les côtes des continents.

Un exemple remarquable de ces courants de deuxième ordre se présente à l'ouest de l'Europe, dans la mer limitée par les côtes de l'Espagne, de la France, de l'Angleterre et de l'Irlande. Une partie des eaux du Gulf-stream, venant du nord et du nord-ouest, frappe les côtes de la Galice et des Asturies; elle est infléchie à l'est vers le fond du golfe de Gascogne, longe le littoral des Landes, puis celui de la Saintonge, du Poitou, de la Bretagne, et, retournant dans la direction du nord-ouest et de l'ouest, constitue une sorte de barrière liquide en travers du canal de la Manche. Au sud du cap Clear, ce fleuve océanique, connu sous le nom de courant de Rennell, d'après le savant anglais qui en a découvert l'existence, rentre enfin dans le Gulf-stream et retourne au sud avec les eaux de l'Océan. Ainsi s'achève autour du bassin un circuit complet, analogue à celui qui s'accomplit dans chacun des grands océans du monde. A son tour, le courant de Rennell, longeant à une distance plus ou moins grande le littoral des continents, projette dans les petites baies de la côte, des courants de troisième ordre qui accomplissent aussi leur mouvement circulaire comme le Gulf-stream et le Kuro-Sivo : par des renvois latéraux, la circulation des eaux se continue des océans aux golfes, des golfes aux baies et de celles-ci dans les criques du rivage.

Parmi les courants, il en est qui se produisent évidemment par suite de la rupture d'équilibre entre les niveaux. Ainsi la mer Baltique, recevant plus d'eau par les apports des fleuves qu'elle n'en perd par l'évaporation, doit nécessairement épancher ce trop-plein dans la mer du Nord, à travers le détroit du Sund et les deux Belt. Il en est de même à l'issue de la mer Noire où le Bosphore sert de lit à un courant se dirigeant vers la mer de Marmara.

A l'ouest de la Méditerranée, entre Gibraltar et Ceuta, le courant normal est celui qui vient de l'Océan. En effet, la Méditerranée est pauvre en tributaires considérables; elle ne reçoit qu'un seul fleuve vraiment grand par la masse de ses eaux, le Danube, et ses autres affluents d'une certaine importance, le Rhône, le Pô, le Dniestr, le Dniepr, le Don, le Nil, ne lui apportent certainement pas en moyenne plus de 15,000 mètres cubes d'eau par seconde. En revanche, l'évaporation est très-active dans le bassin de la Méditerranée, notamment sur les côtes méri-

Fig. 9. — Détroit de Gibraltar.

dionales. D'après quelques auteurs, la Méditerranée perdrait trois fois plus d'eau qu'elle n'en reçoit par ses tributaires. C'est à l'Océan de combler ce vide.

Toutefois si la mer intérieure n'envoyait pas aussi un contre-courant à l'Atlantique, elle se changerait tôt ou tard en une immense plaine de sel. Perdant incessamment de l'eau douce par l'évaporation, et recevant de l'eau saline, sa masse liquide deviendrait à la fin tout à fait saturée, et les cristaux tapisseraient le lit marin en couches de plus en plus épaisses. Pour que l'équilibre de salure ne soit pas ainsi rompu entre les deux mers, il faut que la Méditerranée envoie à l'Atlantique ses eaux les plus salées. C'est en effet ce qui a eu lieu. Des remous latéraux se produisent le long des rivages, de chaque côté du courant venu de l'Atlantique (fig. 9).

Le même phénomène se reproduit à l'entrée de la mer Rouge. Ce golfe reçoit de l'atmosphère une quantité d'eau tellement faible qu'on peut la considérer comme nulle : ce n'est qu'un immense bassin d'évaporation où ne cessent d'affluer comme dans une chaudière les eaux de l'océan Indien. D'après M. Buist, la mer Rouge finirait par être changée en une masse solide de sel dans un espace de temps certainement moindre de trois mille années, et peut-être de quinze ou vingt siècles seulement, si elle ne rendait pas à l'Océan le sel qui s'y concentre par suite de l'évaporation. Or, voilà bien des mille et des mille ans que la mer Rouge existe, et ses eaux, plus salées que celles des autres mers, il est vrai, sont encore loin de se trouver à l'état de saturation. On arrive donc à cette inévitable conclusion, qu'un courant sous-marin d'eau très-salée s'épanche par le détroit de Bab-el-Mandeb dans l'océan des Indes, en glissant au-dessous et en sens inverse du courant superficiel qui alimente le golfe Arabique. De même

que dans les maisons, chaque porte sert à la fois de
passage à deux courants contraires, celui de l'air
plus chaud et plus léger qui s'échappe par en haut,
et celui de l'air plus froid et plus lourd qui pénètre
par en bas, de même dans les mers, chaque détroit
est parcouru de deux fleuves liquides différents en
température et en teneur saline.

VI

Les marées. — Propagation des vagues de flux. — Lignes
isorachiques. — Hauteurs des marées. — Interférences du
flux et du reflux. — Marées diurnes.

Un autre mouvement tient les eaux de la mer
dans une agitation constante : c'est celui du flux et
du reflux.

De tout temps les populations des bords de l'O-
céan ont compris, sans pouvoir s'en rendre compte,
que ces phénomènes alternatifs dépendent de la
position de la lune et du soleil relativement à la
terre : les coïncidences qu'ils voyaient se renouveler
chaque jour entre les mouvements des marées et
ceux des grands astres ne pouvaient leur laisser aucun doute à cet égard. Toutefois l'explication de ce
gonflement périodique des flots ne pouvait être ten-
tée que dans les temps modernes, à l'aide des con-
naissances obtenues par les astronomes sur la
marche des corps célestes, et des puissants moyens
d'investigation que, depuis le grand Kepler, nous ont
fournis les mathématiques.

Réduite à ses éléments principaux, la théorie des
marées exposée par Laplace et depuis admise par la
plupart des géomètres, est fort simple. La terre

n'est point un corps isolé dans l'espace ; elle est attirée par tous les astres avoisinants, et c'est même en grande partie cette force d'attraction qui la fait tournoyer autour du soleil et qui lui donne la lune pour satellite. Que l'on s'imagine un instant la terre entièrement couverte d'eau sur toute sa rondeur et soumise à la seule attraction de la lune. La partie superficielle de la planète sera plus fortement attirée que le noyau central, puisqu'elle est plus rapprochée de l'astre qui la sollicite, et, grâce à la facilité avec laquelle ses molécules liquides glissent les unes sur les autres, elle se gonflera, pour ainsi dire, vers la lune, jusqu'à ce que son poids fasse équilibre à la force qui l'entraîne. Il se formera donc une intumescence, dont le sommet se trouvera exactement sur la ligne idéale qui réunit le centre de la terre à celui de la lune. De l'autre côté de la planète, les eaux doivent se renfler en une vague correspondante, et cela par une cause précisément inverse. Les couches liquides de cette partie de la terre. étant plus éloignées de la lune que le noyau solide, sont moins attirées que celui-ci, et par suite elles doivent rester légèrement en arrière, formant ainsi une nouvelle intumescence. Considérée dans son ensemble, la masse des eaux marines prend donc la forme d'un ellipsoïde ayant son grand axe dirigé vers la lune. qui est le centre d'attraction.

Si la terre restait immobile, ces deux vagues opposées chemineraient lentement suivant la marche de la lune; mais par suite de la rotation du globe, elles doivent se déplacer et se poursuivre avec rapidité sur la rondeur terrestre, la vague de plus grande attraction se mouvant sans cesse sur la partie éclairée par les rayons de la lune, tandis que la vague de plus faible attraction se propage de l'autre côté de la terre sur la partie la plus éloignée du sa-

Fig. 10. — Marée lunaire.

tellite. Dans l'espace d'un jour lunaire, c'est-à-dire pendant les 24 heures 50 minutes durant lesquelles la terre a successivement présenté toutes les parties de sa surface à l'astre qui l'accompagne et qui tourne lentement autour d'elle dans le même sens, les deux vagues doivent accomplir chacune un circuit complet autour de la planète, et chacune doit avoir une durée totale de 12 heures 25 minutes. C'est, en effet, ce qui a lieu dans toute l'étendue des mers. Cependant la lune n'est pas le seul astre dont l'attraction se manifeste d'une manière sensible sur les flots de l'Océan. Le soleil, qui entraine la lune dans son orbe immense à travers les cieux, est assez rapproché de sa planète pour en soulever aussi les molécules liquides. D'après les calculs des mathématiciens, la force attractive du soleil est à celle de la lune, pour le soulèvement des flots, dans la proportion d'environ un tiers.

Deux vagues de marée, la vague lunaire et la vague solaire, se gonflent donc à la surface de l'Océan. Elles devraient tourner, l'une dans l'espace de 24 heures 50 minutes, l'autre pendant 24 heures ; mais ces deux flots d'origine distincte ne se séparent point dans leur marche autour du globe : grâce à l'incessante mobilité des eaux, ils se mêlent, se confondent, et dans leur masse commune, le calcul seul peut discerner la part qui revient à chacun des deux astres. Ensemble, les deux intumescences unies se déplacent autour de la terre dans la direction de l'est à l'ouest, c'est-à-dire en sens inverse du mouvement de rotation du globe. Servant ainsi de frein à la planète, elles doivent à la longue amener ce ralentissement que les calculs et les déductions de Meyer, Tyndall, Joule, Adams, Delaunay font considérer comme inévitable.

Quand la lune dite nouvelle tourne vers nous sa

face obscure, et se trouve ainsi à peu près dans la même direction que le soleil relativement à la terre,

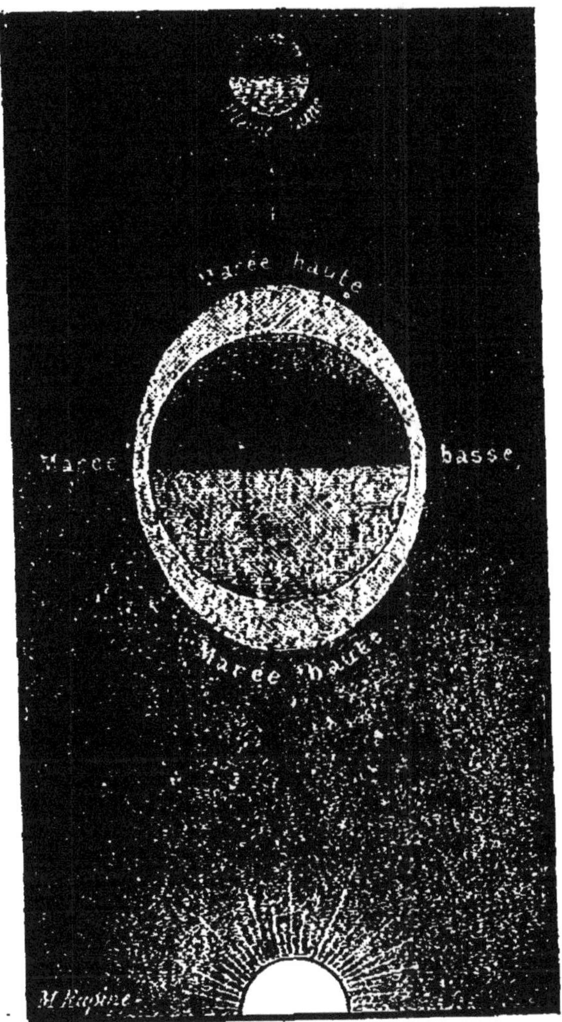

Fig. 11. — Marée de syzygie lors de la pleine lune.

les attractions des deux grands corps célestes s'ajoutent l'une à l'autre, et les deux vagues de marées, soulevées à la fois vers le même point de l'espace, se superposent exactement : elles forment ces marées de syzygie ou de vives eaux qui se dressent à de si grandes hauteurs sur les rivages (fig. 11). Lors de la pleine lune, lorsque l'astre, éclairé en entier, est en opposition directe avec le soleil, il se forme de nouvelles marées de syzygie, non moins élevées que les premières, car sous l'action des astres situés en face l'un de l'autre, une intumescence se produit à la fois des deux côtés de la terre. Pendant les autres phases de la lune, la coïncidence n'existe plus : lors des quadratures, les deux grands mouvements de l'onde se contrarient, et le flot de marée représente alors la vague lunaire diminuée de toute la hauteur de la vague solaire.

Les périodes des marées sont donc exactement celles des astres qui les soulèvent. La période semi-diurne ou do 12 heures 25 minutes est comprise entre les deux passages de la lune aux méridiens opposés de chaque côté de la terre. La période diurne, pendant laquelle l'Océan se gonfle et s'abaisse deux fois, correspond exactement à la durée d'une rotation apparente du satellite autour de notre planète. Même coïncidence pour la période semi-mensuelle : le retour des fortes marées s'opère de deux semaines en deux semaines, avec le retour de la pleine ou de la nouvelle lune, et la période mensuelle s'achève lorsque recommence la série des phases lunaires. Les marées ont aussi leur période semi-annuelle, lors de l'équinoxe de mars et de l'équinoxe de septembre, car le soleil, se trouvant alors directement au-dessus de l'équateur terrestre, exerce une attraction plus forte sur les masses liquides, et les flots de vives eaux se redressent à une plus grande hauteur que d'habitude. Enfin, la période annuelle est marquée pour les marées par l'époque où la terre est le plus rapprochée du soleil et subit par conséquent une plus grande attraction ; cette époque tombe pendant l'hiver de l'hémisphère septentrional.

Sur les côtes de la France et des Iles-Britanniques, la marée arrive du large, et dans sa marche le long des rivages, retarde incessamment sur le mouvement initial qu'a produit au milieu de l'Océan l'attraction du soleil et de la lune. En pénétrant dans les mers peu profondes qui entourent les deux îles de l'Irlande et de la Grande-Bretagne, la vague de marée se ralentit graduellement. Après avoir frappé le cap Clear et le promontoire de Land's End, elle se propage avec une telle lenteur autour des deux îles qu'il lui faut encore dix-neuf heures pour arriver non loin du Pas-de-Calais, où elle rencontre une autre vague, plus jeune de douze heures, venue par le chemin plus court de la Manche ; en tout, elle est en retard de soixante heures sur le mouvement qui lui a donné l'impulsion première. D'où provient ce ralentissement du flot? Les recherches des astronomes et des physiciens nous l'apprennent. La rapidité de la vague de marée est proportionnée à la profondeur de l'Océan. La crête du flot précipite ou ralentit son mouvement suivant l'épaisseur de la masse d'eau qu'elle parcourt. Dans les parages où le fond de l'Océan est à 8,000 mètres de la surface, la vitesse de la vague est de 850 kilomètres à l'heure ; là où la profondeur est seulement de 100 mètres, la marée ne se propage plus que de 96 kilomètres dans le même espace de temps ; enfin, si le fond est à

10 mètres au-dessous du niveau marin, le mouvement des eaux est tout à fait ralenti et ne dépasse
pas 25 kilomètres à l'heure, soit 416 mètres par minute. Par suite du retard qu'éprouve la vague de
marée, l'*établissement*, c'est-à-dire le temps qui s'é-
coule entre le passage de la lune au méridien et le
moment de la pleine mer, varie singulièrement dans
les différents ports situés à proximité les uns des
autres.

La ligne sinueuse qui réunit tous les points de
l'Océan où la pleine mer se produit exactement à la
même heure a reçu de Whewell le nom de ligne
cotidale ou *isorachique*; elle indique la courbe que
forme à un moment précis la crête du flot de marée
à la surface des eaux. Autour des Iles-Britanniques,
ces lignes d'intumescence simultanée ou d'égal établissement ont été tracées avec le plus grand soin;
mais, dans les autres mers, elles ne sont encore in-
diquées que d'une manière assez vague.

Innombrables sont les irrégularités apparentes,
qui se produisent dans les phénomènes de la marée
par suite des inégalités du relief sous-marin, des
mille indentations du rivage, des alternatives des
vents et des courants. Bien que la cause du mouvement soit la même partout, cependant on peut dire
que sur aucun point de la mer le flux et le reflux
n'offrent une coïncidence parfaite dans leurs allures :
chaque promontoire, chaque îlot, chaque rocher est
baigné par des eaux ayant un régime distinct dans
la propagation de leurs marées; tout obstacle qui
rompt le cours régulier des oscillations modifie l'ensemble des gracieuses courbes qui se replient autour
de lui.

Le contraste étonnant qu'on observe dans l'amplitude totale du flot provient de la différence de vitesse qu'offre la marche des oscillations dans les mers et dans les baies du littoral. En effet, la grande intumescence soulevée par les astres peut être considérée comme formée d'un très-grand nombre de vagues successives, occupant une largeur considérable à la surface de la mer. En plein Océan, toutes ces rides se déplacent avec une grande vitesse; mais à mesure qu'elles se rapprochent des rivages, elles ralentissent leur mouvement, et par suite, doivent gagner en hauteur ce qu'elles perdent en rapidité. Le golfe du Bengale, celui d'Oman, la mer de Chine, les échancrures de la côte orientale de la Patagonie, la baie de Panama, celle de Fundy, entre le Nouveau-Brunswick et la Nouvelle-Écosse, la Manche et le canal d'Irlande sont des parages où les crêtes d'égale intumescence se poursuivent de très-près, et c'est aussi là que la plus grande étendue de rivages est alternativement couverte et découverte par le flot.

Dans la baie de Fundy, si bien disposée par le contour de ses rivages et le relief de son lit pour retarder progressivement la marche du flux, l'écart entre la haute et la basse mer, qui est de $2^m,70$ seulement à l'entrée, augmente par degrés jusqu'à plus de 21 mètres vers l'extrémité de l'entonnoir. C'est probablement la partie du littoral océanique où les oscillations régulières des eaux s'accomplissent de la manière la plus grandiose. Deux fois par jour, d'immenses plages neutres, qui ne sont ni la terre ni la mer, se changent en golfes profonds; les navires échoués se redressent et voguent à pleines voiles ; des villes perdues dans l'intérieur des terres se trouvent assises sur des péninsules assiégées par la mer

Sur les côtes de l'Europe occidentale, c'est principalement dans la baie de Saint-Michel que la marée montante offre le spectacle le plus grandiose, car au centre du golfe se dresse un noir rocher granitique, à la fois « abbaye, cloître, forteresse et prison, » qui, par ses rochers abrupts et son « titanique entassement, roc sur roc, siècle sur siècle, mais toujours cachot sur cachot (Michelet), » contraste avec la triste étendue des plages. A mer basse, l'immense plaine de sable, d'une superficie d'environ 250 kilomètres carrés, ressemble à un lit de cendres ; mais, lorsque la marée, plus rapide qu'un cheval au galop, remonte en écumant la pente presque insensible, il lui suffit de quelques heures pour transformer toute la baie en une nappe d'eau grisâtre et pénétrer au loin dans les embouchures des rivières jusqu'au pied des quais d'Avranches et de Pontorson. Lors des marées de vives eaux, on évalue la masse liquide qui pénètre dans la baie à plus de 1 milliard 345 millions de mètres cubes, et, même pendant les mortes eaux, le déluge qui parcourt deux fois les plages dans l'espace de vingt-quatre heures n'est pas moindre de 700 millions de mètres. Est-il étonnant que de pareils torrents aient pu jadis, poussés par les tempêtes, rompre la chaîne de dunes qui protégeait au nord les rochers de Tombelène et de Saint-Michel, et transformer en grèves infertiles les belles campagnes, les vastes forêts qui s'étendaient au pied de la péninsule du Cotentin ?

Les recherches de Beechey ont démontré que l'é-

norme amplitude du flux et du reflux à l'embouchure de la Severn et dans les baies de Cancale et
de Saint-Malo provient de la superposition de deux
vagues qui s'entre-choquent. En effet, la crête de
marée qui pénètre dans le canal d'Irlande y rencontre, à la hauteur du golfe où débouche la Severn,
une autre crête plus ancienne de douze heures, qui
vient de contourner l'Irlande tout entière. Ces deux
vagues, unies en une seule, prennent la direction
commune qui résulte de leurs impulsions premières,
et se dirigent ensemble dans le golfe de la Severn.
De même, la marée qui entre dans la Manche se
heurte, au large de Jersey, contre un flot qui a fait
en vingt-quatre heures le tour des Iles-Britanniques,
et les deux intumescences, s'ajoutant l'une à l'autre,
précipitent leur énorme masse liquide sur les plages et les roches de la Bretagne.

Si deux marées se superposent lorsque, venant
de points opposés, elles se rencontrent à l'heure du
plein, elles se neutralisent et se suppriment au contraire quand le flux de l'une se croise avec le reflux
de l'autre : il se produit alors un phénomène d'interférence comparable à celui de deux vibrations
lumineuses s'éteignant mutuellement. Fitz-Roy, le
premier, a signalé une région de l'Océan où les marées contraires maintiennent en équilibre la surface
des eaux. Cette région est l'estuaire de la Plata. A
la vue de ce golfe, on serait tenté de croire que l'amplitude du flux et du reflux y est énorme, comme
dans la baie de Fundy ou dans le golfe de Saint-
Malo; mais le contraire a lieu, les marées y sont
d'ordinaire à peine appréciables. Ce phénomène
s'explique par la rencontre de la haute et de la basse

mer à l'entrée de l'estuaire. Au moment où le reflux de la marée septentrionale tendrait à se produire, arrive le flux méridional, dont la pression, exercée en sens contraire, empêche les eaux de s'abaisser; puis, quand se présente une nouvelle marée, venue des côtes du Brésil, la surface de la mer s'abaisse déjà dans les parages du sud. Les fortes oscillations de niveau qu'on observe dans cet estuaire sont dues presque uniquement aux brises régulières et aux tempêtes qui dépriment les vagues d'un côté pour les soulever de l'autre. Or, comme en général les vents de terre dominent pendant la matinée, et sont remplacés le soir par la brise du large, le flux et le reflux, obéissant à l'impulsion alternative de l'atmosphère, se succèdent de douze heures en douze heures; la marée monte l'après-midi pour redescendre le lendemain matin.

C'est probablement à des phénomènes de même nature qu'il faut attribuer la formation de ces marées diurnes, et d'ailleurs toujours très-faibles, qui se produisent en beaucoup de parages du pourtour océanique. Ces lents changements de niveau, dont le flux et le reflux durent chacun douze heures, offrent, comme les marées ordinaires, la plus grande diversité dans leurs phénomènes, suivant la direction des vents et des courants, la position respective du soleil et de la lune, la partie de la mer où s'établit l'équilibre des eaux. A la surface mouvante de l'Océan, toutes les ondulations, quelle qu'en soit la cause, se mêlent et se confondent, et dans ce mélange sans cesse changeant des flots, il est impossible de discerner, sans de longues et patientes recherches, la part de chacun des agents qui troublent l'horizontalité parfaite du niveau marin ; on ne peut résoudre le problème que d'une manière toute générale. Les anomalies, qui sont nombreuses, s'expliquent par le croisement de plusieurs vagues réflexes, diurnes et semi-diurnes, qui se troublent les unes les autres et dont les oscillations confuses sont produites par la rencontre de mouvements d'origines diverses. C'est ainsi qu'à la surface d'un étang, les ondes parties de points différents forment un immense réseau de lignes entre-croisées, que le souffle du vent mêle en vaguelettes indécises.

VII

Les courants de marée. — Les ras. — Les mascarets. — Les marées des mers intérieures.

La croyance populaire est que les oscillations des marées sont toujours accompagnées de courants changeant régulièrement et se portant alternativement dans le même sens que le flux et le reflux. C'est là, il est vrai, un phénomène assez fréquent, surtout à l'embouchure des rivières. Néanmoins cette coïncidence des courants horizontaux avec les oscillations verticales de l'Océan est loin de se reproduire avec régularité dans tous les parages ; la marée, étant simplement une intumescence de la mer, peut se redresser sans que le moindre déplacement s'accomplisse dans un sens ou dans un autre. On en voit un remarquable exemple dans cette mer d'Irlande, si riche en curieux phénomènes maritimes. Au milieu du canal qui sépare l'île de Man et l'Irlande, la nappe d'eau se maintient parfaitement tranquille entre des courants contraires, bien que la marée monte en cet endroit de 6 mètres environ pendant les vives eaux. En revanche, comme on le voit à Courtown, sur la côte d'Irlande, le courant déterminé par la rencontre de marées opposées peut avoir une grande vitesse là où la surface de la mer ne s'élève ni ne s'abaisse à cause de l'interférence de deux marées. Enfin, un même flot peut suivre une direction constante à travers deux régions contiguës de la mer, dont l'une est à la période du flux et l'autre à celle du reflux.

Les courants qui se produisent dans les détroits à cause de la différence de niveau sont parfois d'une violence extrême, et par leurs brusques changements, leurs remous, leurs tourbillons, peuvent être rangés parmi les plus dangereux phénomènes de l'Océan. Ainsi l'entrée du golfe des îles Normandes est à bon droit redoutée par les navigateurs à cause de l'effrayante vitesse qu'y atteignent les courants de marée. Le ras Blanchard, détroit qui sépare le cap de la Hogue et l'île anglaise d'Aurigny (Alderney), et au sud, le passage de la Déroute, sont les plus terribles de ces défilés marins.

Les détroits des Hébrides, des Orcades, des Shettland, des Feroëer, des Loffoten, dont les roches et les écueils en désordre hérissent un fond de mer très-inégal et coupé d'abîmes, sont également traversés par de rapides courants alternatifs de marée. Le plus formidable de ces passages est peut-être le Great-Gulf ou Coirbhreacain (en gaélic, *Chaudière de la mer Tachetée*), ouvert entre les îles Jura et Scarba, sur la côte occidentale de l'Écosse. A chaque changement de marée, il s'y produit un courant portant tour à tour vers le rivage de la terre ferme et vers la haute mer : les marins affirment que la vitesse en est au moins de 20 kilomètres, c'est-à-dire que sur les continents pas un fleuve débordé ne roule ses flots avec une pareille fureur.

Plus connu, quoique moins violent, est le conflit de marée qui se produit vers l'extrémité méridionale de l'archipel des Loffoten : c'est le Moskoe-strom, appelé aussi Mael-strom par les marins. La sombre imagination des peuples du Nord, toujours portée à créer des monstres, voyait dans le détroit du Moskoe-strom un poulpe aux bras de plusieurs centaines de mètres de longueur, qui faisait tourbillonner les eaux en un immense remous pour y attirer les embarcations et les engloutir. De cette ancienne légende est même restée chez plusieurs l'idée que ce courant est une sorte de gouffre en forme d'entonnoir, duquel les objets flottants se rapprochent par degrés, en décrivant des cercles de plus en plus rétrécis, jusqu'à ce qu'ils plongent enfin et pour jamais dans le puits tournoyant. Mais il n'en est rien : les seuls remous sont de petits tourbillons latéraux, produits par la rencontre des courants et se creusant de 2 ou 3 mètres à peine.

Les courants de marée qui se produisent à l'entrée des rivières donnent fréquemment lieu à des mouvements tulmultueux moins redoutables, il est vrai, que ceux des « ras » dans les archipels, mais d'un aspect parfois aussi saisissant. Ces phénomènes sont connus sous le nom de *barre* ou *mascaret*.

En pénétrant dans l'estuaire d'un fleuve, le flot de marée, que retardent les bas fonds et que rétrécissent les rivages, doit se gonfler en vague à cause du frottement de la masse liquide contre son lit. Toutes les embouchures, toutes les baies dans lesquelles pénètre le flux, offrent donc le spectacle du mascaret ; mais, en beaucoup de passages, l'inclinaison régulière du fond, l'uniformité des rives ou bien encore un croisement de courants divers, atténuent

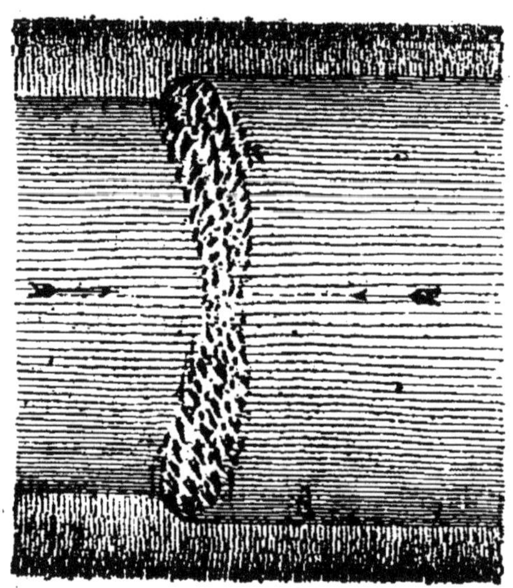

Fig. 12. — Mascaret observé dans les passes de la baie de Seine, d'après M. Partiot.

la première ondulation du flot de marée, ou permettent de la confondre avec d'autres rides de la surface. Ailleurs, au contraire, comme aux bouches du fleuve des Amazones, du Hougly, de la Seine, de la Dordogne, de l'Elbe, du Weser, toutes les conditions topographiques se trouvent réunies pour donner une grande hauteur au mascaret, et celui-ci se dresse alors comme une muraille mouvante d'une rive à l'autre rive de l'estuaire.

C'est dans la baie de Seine que le mascaret a été le plus régulièrement et le plus soigneusement observé. En accourant du large avec une vitesse de 5 mètres à 7 mètres et demi par seconde, le mur liquide reste infléchi vers le centre sous la pression du courant fluvial. Les deux pointes de l'énorme croissant (fig. 12) se brisent en écume sur les rivages, tandis qu'au milieu de la concavité, la vague unie et ronde marche sans même rider l'eau devant elle. Le rouleau semble tourner sur le fleuve comme un serpent gigantesque (fig. 13); il s'élève de 2 ou 3 mètres au-dessus de la plaine liquide, et derrière lui

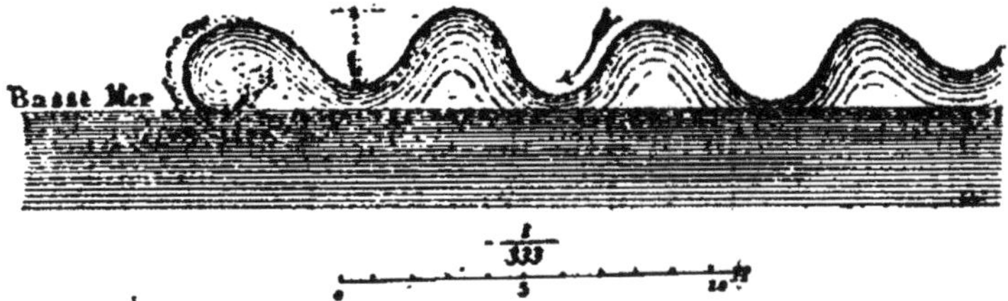

Fig. 13. — Mascaret observé dans la baie de Seine.

se dressent, en rides concentriques, des vagues ou « éteules » non moins hautes, avant-garde de la nappe de marée. Tous les obstacles placés sur la marche du mascaret l'exaspèrent, en accroissent l'élan; enfin, le flot, entrant dans une partie du lit plus large et plus profonde, se calme et modère graduellement sa hauteur jusqu'à la rencontre d'un autre bas-fond ou d'un promontoire.

La durée et la hauteur du flux diminuent en proportion de la montée des eaux dans le lit fluvial. Le courant, ayant à débiter pendant la période du reflux, non-seulement ce que le flux marin lui avait apporté, mais aussi les eaux douces qui lui viennent de l'amont, doit suivre son cours normal vers la mer pendant un temps plus long que celui de son refoulement par la marée montante. Pour chaque point du lit de la rivière, la durée du flux est d'autant plus courte que ce point est plus éloigné de la mer : la force de la marée s'épuise peu à peu, et, vers la fin de sa course, elle se borne à retarder un instant la vitesse du courant fluvial. Dans la Garonne, le flux remonte jusqu'à plus de 160 kilomètres; dans le fleuve Hudson, l'eau, soutenue par la marée, s'élève encore de 30 centimètres devant Albany, à 235 kilomètres en amont de New-York. Dans le fleuve des Amazones, l'eau affluant de la mer gonfle encore la masse liquide de l'énorme courant et de tous ses tributaires jusqu'au delà de Santarem, à 1,000 kilomètres de l'estuaire d'entrée.

L'attraction de la lune et du soleil agit sur les mers fermées comme sur le grand Océan; mais dans les bassins d'une trop faible étendue, la marée n'a pas l'espace nécessaire pour se soulever et se développer d'une manière appréciable. Actuellement, le lac Michigan, dont la surface est pourtant de 62,000 kilomètres carrés, est la plus petite nappe lacustre où l'on ait constaté avec précision le retour régulier du flux et du reflux ; l'amplitude de la marée y est, d'après le lieutenant Graham, de 75 millimètres. Toutefois il n'est pas douteux que des bassins lacustres plus petits éprouvent aussi des oscillations normales de douze heures en douze heures : des mesures faites avec soin les révèleront probablement un jour.

Même dans la vaste Méditerranée, les marées sont

très-peu sensibles, si ce n'est dans les golfes des Syrtes, entre l'ancienne Pentapole et la Tunisie. Dans ces parages, le phénomène du flux et du reflux s'accomplit avec la plus grande régularité et l'on peut en étudier la marche comme dans l'Océan; à l'île de Djerbah, l'ancienne île des Lotophages, l'amplitude moyenne de la marée, d'après Victor Guérin, n'est pas moindre de 3 mètres. Cette hauteur remarquable du flot sur le rivage des Syrtes provient sans doute de ce que la Méditerranée offre dans sa partie méridionale, de Port-Saïd à Ceuta, un bassin unique, au rivage faiblement sinueux, tandis que du côté de l'Europe, elle projette un grand nombre de petites mers partielles, celle de Sardaigne, le golfe Adriatique, la mer Ionienne, l'Archipel. Dans ces bassins secondaires, l'oscillation diurne du flot est presque insignifiante pour les marins, si ce n'est à Venise, où la différence entre les hautes et les basses mers de nouvelle et de pleine lune varie de 60 à 90 centimètres. A Livourne, le flux s'élève à plus de 30 centimètres; sur les côtes de Zante, dans la mer Ionienne, il est de 15 centimètres seulement; enfin à Corfou, il ne dépasse pas 20 millimètres.

Dans les autres mers fermées de l'Europe, les marées sont également peu sensibles. Elles ne sont que de 40 centimètres en moyenne dans le Zuyderzee, et, pendant les jours d'équinoxe et de tempêtes, elles y atteignent à peine 1ᵐ,10. La Baltique, beaucoup plus étroite et plus semée d'îles que la Méditerranée, subit en conséquence des oscillations beaucoup plus faibles : aussi l'appelait on jadis *morimarusa* (*mor y marb*), c'est-à-dire, en langue celtique, *mer Morte*. Les marins n'y font nullement attention aux dénivellations produites par le flux et le reflux : les vents, les courants et les divers mé_ téores de l'atmosphère sont les seuls phénomènes qu'ils se donnent la peine de remarquer. A Wisma r, c'est uniquement par une suite d'observations pour suivies pendant plusieurs années sur le niveau des eaux, qu'on a pu constater l'existence probable d'un écart total de 8 centimètres entre les hautes et les basses mers; près de Stralsünd, la différence est de 4 centimètres seulement; à Memel, elle dépasse- rait à peine 1 centimètre. Les écarts beaucoup plus considérables qui se produisent dans le niveau marin proviennent des vents, des courants ou des alterna- tives dans la préssion de l'atmosphère.

Le régime des embouchures fluviales diffère abso- lument dans les mers à fortes marées, comme l'Atlan- tique septentrional, et dans les mers à oscillations insensibles, comme la Baltique et la Méditerranée. Dans les estuaires, où la mer s'élève régulièrement deux fois par jour à une grande hauteur, elle passe par-dessus tous les obstacles, barres ou bancs de sable, accumulés à l'entrée des bouches des fleuves, tandis que là où le niveau marin reste constamment le même, les digues de vase ou de sable déposées en cordons littoraux entre les eaux douces et les eaux salées ferment toujours l'entrée du lit fluvial. Ainsi le rio Magdalena et l'Atrato, dans la mer des Antilles, le Rhône, le Pô, le Nil, dans la Méditer- ranée, épanchent leur masse liquide par-dessus des barres qui souvent ont à peine un mètre à l'endroit le plus bas, tandis que le fleuve des Amazones, le Saint-Laurent, la Gironde, la Tamise, donnent à toute heure une libre entrée aux navires.

Cette diversité du régime fluvial a les conséquences les plus importantes pour le commerce des régions qu'arrosent les grandes rivières. En général, les ports des fleuves sans marées ne peuvent s'établir à l'embouchure même, à cause du manque d'eau, et les négociants sont obligés de choisir pour leurs entrepôts une localité située sur le littoral marin, à une certaine distance des bouches ensablées de la rivière. Ainsi Marseille, où s'opèrent presque tous les échanges du grand bassin du Rhône, est-construite au bord d'une baie profonde de la Méditerranée, loin des péninsules de vase entre lesquelles se déverse le fleuve ; Alexandrie, le grand port du delta égyptien, est à l'ouest de la région alluviale du Nil ; Venise est loin des bouches du Pô ; Livourne défend son port des approches de l'Arno ; Barcelone n'est pas à l'entrée de l'Èbre ; Carthagène des Indes et Santa-Marta ne sont en communication avec le grand Magdalena que par des canaux à peine navigables. Les exceptions à cette règle sont peu nombreuses ; néanmoins on peut citer Dantzig sur la Vistule, Stettin sur l'Oder, Galatz sur le Danube, la Nouvelle-Orléans sur le Mississipi.

Dans les mers à grandes marées, les principaux ports se trouvent, au contraire, non sur le littoral maritime, mais sur les fleuves, et même à une certaine distance de l'embouchure, non loin de l'endroit où le flux remonte deux fois par jour, changeant ainsi la rivière en un véritable golfe maritime. Londres, Hambourg, Nantes, Bordeaux, Rouen et tant d'autres grandes cités se sont graduellement bâties, par suite des nécessités du commerce, aussi avant que possible dans l'intérieur des terres, à l'endroit précis où la profondeur de l'eau et la force de la marée permettent aux navires de remonter avec facilité. Néanmoins, les bâtiments actuels ayant un tirant d'eau plus considérable que ceux de nos ancêtres, nombre de ports de rivières sont devenus insuffisants. C'est ainsi que Londres a dû successivement s'annexer les port de Deptford, de Woolwich, de Millwal, de Gravesend; Rouen a été graduellement remplacée par le Havre comme port de commerce international, et Nantes voit aujourd'hui grandir une cité rivale dans la ville de Saint-Nazaire, encore si modeste il y a quelques années.

VIII

Multitude des êtres vivants dans les eaux de la mer. — Mers de varech. — Contraste des mers et des continents comme domaines de la vie organique. — Cétacés, poissons, autres monstres marins. — Fond de la mer.

Les poëtes se plaisaient, d'après Homère, à donner aux flots l'épithète « d'infertiles, » et cependant rien n'égale leur exubérante fécondité. Bien plus que la terre, dont la superficie seule est richement peuplée, l'Océan est le domaine de la vie; non-seulement les nappes supérieures, mais aussi les couches profondes sont remplies d'organismes; en certains parages, les myriades et les myriades d'êtres se pressent en si prodigieuses multitudes que les eaux elles-mêmes en sont, pour ainsi dire, devenues vivantes. Pris dans son ensemble, l'Océan peut même être considéré comme le milieu vital par excellence. C'est dans ses eaux, pullulant d'animalcules, que les assises continentales se sont graduellement formées par le dépôt des restes organiques et que de nouvelles générations, sans cesse à l'œuvre, jettent les fondements de continents futurs. C'est aussi dans la mer, nous disent les paléontologistes, qu'auraient pris naissance les espèces primitives desquelles sont descendues toutes les espèces actuelles, océaniques et terrestres. « L'eau est le commencement de toutes choses, » avait déjà dit Thalès, il y a 2500 ans.

Comme la terre, l'Océan a ses étendues monotones de plantes : ce sont les champs de sargasses (*fucus natans*), qui se trouvent au milieu de plusieurs bassins maritimes, dans la mer des Indes, dans le Pacifique, dans l'Atlantique ; elles occupent surtout l'immense espace triangulaire compris entre les Antilles, le Gulf-stream, le groupe des Açores et l'archipel du Cap-Vert. Colomb traversa ces parages remplis d'herbes marines, et ce ne fut point pour ses compagnons le moindre sujet de terreur que l'aspect de ces longues traînées de plantes qui retardaient la marche du navire et faisaient ressembler la mer insondable à un immense marécage. Enchevêtrées en îles et en îlots flottants, ces herbes changent en certains endroits la surface de l'Océan en une espèce de pré d'un vert jaunâtre ou couleur de rouille ; les vagues soulèvent ces nappes en larges ondulations et les entourent de lisérés d'écume; des poissons se jouent par centaines au-dessous des frondes qui les garantissent du soleil : des myriades de petits animaux, crustacés, serpules et coquillages, courent, rampent ou s'incrustent sur les tiges entrelacées de ces forêts voyageuses et traversent

avec elles l'étendue des mers. On croyait autrefois
que ces varechs flottants de l'Atlantique avaient été
détachés par la houle des rivages des Antilles et de
la Floride, puis emportés par le Gulf-stream à des
centaines de lieues des terres : cette idée n'était pas
exacte. Ainsi que l'avait déjà démontré Meyer en
1850, les fucus de l'Océan naissent et se développent
à la surface des eaux. On peut hardiment évaluer
à plus de 4 millions de kilomètres carrés la superficie de la mer d'herbes de l'Atlantiqué boréal.

Toutefois ces énormes étendues de varech ne sont
que bien peu de chose comparées aux prodigieuses
agglomérations d'animaux et d'animalcules qui remplissent la mer. Comme Humboldt l'a fait remarquer depuis longtemps, l'Océan est, par contraste
avec les terres émergées, le principal milieu des
organismes animaux, tandis que les continents sont
le domaine par excellence de la vie végétale. Le
contraste de la terre et des mers se manifeste aussi
par les dimensions respectives des représentants les
plus colossaux de la faune et de la flore dans les
deux milieux différents. La plupart des végétaux de
l'Océan, et même les prodigieux fucus de plusieurs
centaines de mètres de longueur, ne sont que de
simples lanières et n'offrent ni racines, ni troncs,
ni branches qui puissent les faire comparer au chêne,
au baobab, au châtaignier ; en revanche, les profondeurs maritimes, si riches aussi en organismes
infiniment petits, comptent parmi leurs animaux
des monstres bien autrement grands que ceux des
terres émergées. On a mesuré des baleines de plus
de 30 mètres de longueur et de 20 mètres de circonférence, pesant près de 200 tonnes. c'est-à-dire plus

qu'une armée de 3000 hommes. Scoresby a vu un rorqual plus énorme encore, qui n'avait pas moins de 36 mètres de la tête à la queue. Parmi les animaux marins d'un ordre inférieur, tels que les céphalopodes, il en est aussi d'une grandeur prodigieuse : ainsi, dans la baie de Massachusetts, on a pêché des *cyanea arctica* de 2 mètres d'épaisseur et dont les bras n'avaient pas moins de 34 mètres de long.

D'ailleurs, si la mer doit être considérée comme le principal théâtre de la vie animale, ce n'est point tant à cause de la taille et de la force de ses monstres que par la prodigieuse multitude des êtres qui s'y agglomèrent en traînées, s'y entassent en bancs, y pullulent en couches immenses. Il est facile de s'imaginer de quelles armées innombrables de poissons doit s'emplir l'Océan, puisque dans plusieurs espèces, une seule femelle peut contenir cent mille, un million ou même plus de 10 millions d'œufs. A la deuxième génération, un seul couple de ces poissons pourrait avoir donné naissance à 100 trillions d'individus ; à la troisième génération, la mer tout entière, avec ses gouffres insondables, serait comblée par une masse compacte de chair vivante. Mais ces progénitures sans nombre sont poursuivies par des ennemis également innombrables. La mer n'est qu'un immense champ de carnage, où les êtres, naissant par myriades infinies, servent aussitôt de pâture à des millions et à des milliards de mangeurs acharnés. Quand les harengs pénètrent dans la mer du Nord, « il semble qu'une île immense se soit soulevée, et qu'un continent soit près d'émerger » (Michelet) ; mais cette île, ce continent de poissons, est assiégé, mangé de toutes parts. Chaque détachement de la puissante armée, long d'une trentaine de kilomètres et large de 5 à 6, est accompagné par des légions de cétacés et d'autres grands animaux marins, qui se pressent autour des colonnes serrées et ne cessent d'engloutir les harengs par centaines. Une substance huileuse, provenant de la bile des millions de poissons déchirés, nage à la surface de la mer.

Quant aux habitants des eaux marines autres que les cétacés et les poissons, nombre d'espèces pullulent en masses d'autant plus compactes que les individus eux-mêmes sont plus petits. En certains parages, la mer en est tellement remplie, saturée, qu'elle en perd sa couleur naturelle ; elle se change en une masse liquide d'un brun foncé, d'un vert d'olive, d'un rouge de sang ou même d'un bleu de lait. Du reste, le plus étonnant témoignage de la foule innombrable des organismes qui pullulent dans l'Océan, n'est-il pas la merveilleuse phosphorescence de l'eau, due, pour une très-forte part, à des animalcules vivants ?

Les petits organismes appelés foraminifères, à cause des trous nombreux de leurs étuis, sont probablement les êtres qui peuplent en plus grandes multitudes les étendues de l'Océan ; le fond de toutes les mers, sans exception, est parsemé de leurs minces enveloppes calcaires, dont un gramme de sable contient parfois près de 8000, suivant M. d'Orbigny. Le reste au sédiment est formé d'autres débris, de spicules d'éponges, d'épines, d'étoiles de mer, et de diatomées, petits organismes à figures géométriques appartenant, suivant les différents au-

teurs, soit à la série animale, soit à la série végétale.
A tous ces êtres vivants et à tous ces débris se mêle
en quantités énormes le *bathybius* ou *sarcod*, sorte
de mucus organisé, qui sert probablement de nour-

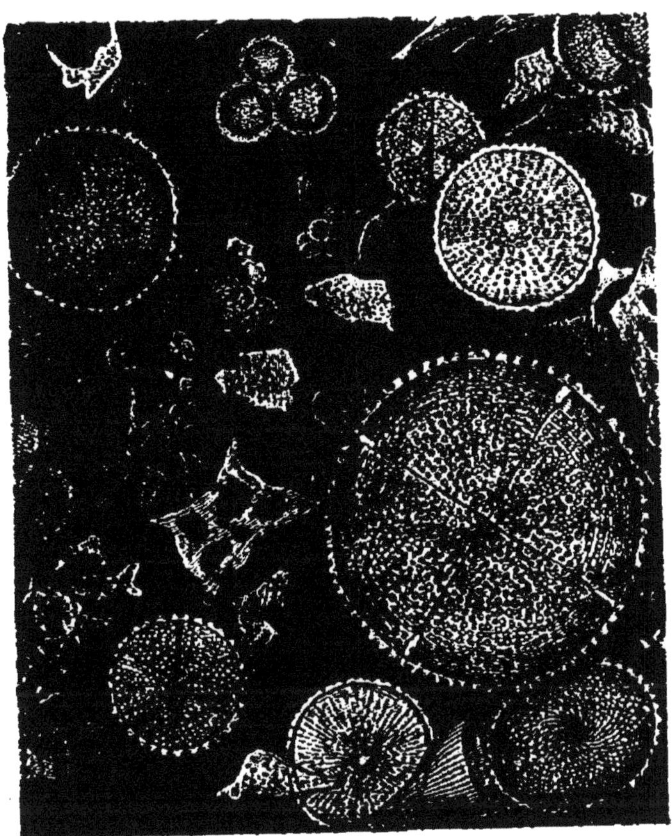

Fig. 14. — Le fond de la mer.

riture aux formes animales et végétales dont il est
l'intermédiaire (fig. 14).

Naguère la plupart des savants affirmaient d'a-
vance, et en s'appuyant seulement sur des témoi-

gnages négatifs, que les abîmes de la mer sont des espaces « azoïques » ou « abiotiques, » c'est-à-dire absolument dépourvus d'organismes vivants. Même lorsque déjà divers navigateurs avaient obtenu des preuves du contraire, des savants considérables, tels qu'Edward Forbes, Goodwin, Austen, Agassiz, de la Bèche, croyaient qu'au-dessous d'une profondeur fixée par les uns à 300 mètres, par les autres à 600 mètres, toute vie animale ou végétale est impossible. La pression de l'eau étant égale à celle de toute une colonne atmosphérique pour chaque profondeur de 10 à 11 mètres, on pensait que les conditions générales du milieu se trouveraient assez changées au fond de l'Océan pour prévenir d'une manière absolue le développement de tout organisme dans les eaux profondes; on affirmait d'avance que nul animal ne pourrait vivre sous une pression de plusieurs centaines ou même d'un millier d'atmosphères. Le plus hardi des êtres marins aurait été le beau corail des côtes de Norvége, le *lophelia prolifera*, dont les ramures roses s'attachent aux rochers jusqu'à 600 mètres au-dessous de la surface.

Dès l'année 1818, les résultats de plusieurs sondages avaient donné un démenti à l'opinion que professaient la plupart des naturalistes. Dans la baie de Baffin, John Ross avait ramené du fond quelques crustacés, des annélides, des échinodermes, et dans les parages où vivaient ces animaux, la profondeur accusée par la sonde varia de 200 à 1,890 mètres. De l'autre côté de la terre, dans les mers antarctiques, James Ross découvrit, en 1841, des crustacés vivants à une profondeur de 720 mètres; mais ce nouveau témoignage constatant l'existence d'organisme dans les abîmes océaniques fut écarté comme les autres. Il en fut de même du résultat des sondages opérés d'Irlande à Terre-Neuve, sur le plateau télégraphique.

Enfin, dans le voyage d'exploration entrepris en 1860 à travers l'Atlantique du Nord par Mac Clintock, le docteur Wallich résolut définitivement la question par des preuves incontestables. Un de ses sondages ramena d'une profondeur de 2,268 mètres, c'est-à-dire d'une région où le poids des couches liquides dépasse 200 atmosphères, plusieurs petits coquillages et treize étoiles de mer. Ces animaux, ayant des restes de foraminifères dans leurs cavités digestives, arrivèrent vivants à la surface de l'eau, et pendant un quart d'heure ils ne cessèrent d'agiter leurs longs bras couverts d'épines. Depuis la découverte de Wallich, Torrel a retiré d'une profondeur de 2,620 mètres, dans la mer du Spitzberg, un crustacé aux brillantes couleurs. Entre Key-West et la Havane, dans le golfe du Mexique, le fond de la mer, jusqu'à près de 1,000 mètres au-dessous de la surface, a paru aussi peuplé que celui des eaux du littoral, d'animaux blancs, rosés, verts, couleur d'orange. De même, dans la Méditerranée, les câbles télégraphiques qui rejoignaient l'île de Sardaigne à la côte de Gênes et à l'Algérie s'étant rompus, on trouva que leurs fragments étaient recouverts de polypiers et de coquillages dont quelques-uns n'avaient été rencontrés vivants nulle part et que l'on croyait exister seulement à l'état fossile. En 1868 et en 1869, MM. Carpenter, Wyville Thomson et d'autres savants ont ramené du fond des mers qui s'étendent entre les Ferœer et l'Ecosse non-seulement des quintaux d'une vase composée principalement de globigérines, mais aussi divers types d'animaux supérieurs, échinodermes, annélides, crustacés et mollusques, appartenant en grande partie à des espèces que l'on croyait fossiles. La sonde, en descendant, semblait pénétrer dans les couches des mondes antérieurs. Tellement riche a été la moisson, récoltée jusqu'à des profondeurs de 4,400 mètres, qu'aux 451 espèces de mollusques marins énumérés dans la faune britannique se sont ajoutées 117 nouvelles espèces.

Ehrenberg a prouvé qu'il existe aussi des animalcules lumineux au fond du golfe du Mexique, et ce fait inattendu permet de supposer que les abîmes des autres mers et du grand Océan ne sont point ensevelis sous des ténèbres insondables. On peut croire que, même à des milliers de mètres de profondeur, la lumière ne manque pas complétement et qu'elle se produit périodiquement ou même d'une manière constante; c'est là ce qui expliquerait pourquoi les espèces retirées des eaux profondes n'ont pas les yeux atrophiés comme les poissons et les insectes des cavernes.

CHAPITRE II

LES ILES, LES RIVAGES ET LES DUNES

I

Origine des îles. — Îles d'origine continentale. — Îles
d'origine océanique.

Parmi les terres qui parsèment la surface de l'Océan, les unes disposées en groupes ou en séries, les autres complétement isolées, comment distinguer celles que la mer a détachées des continents et celles qui de tout temps ont existé d'une manière indépendante comme des mondes à part? Est-il même possible, dans l'état actuel de la science, de tenter une classification des îles suivant leur origine? Oui, cette œuvre peut être commencée. En appelant à son aide les ressources nouvelles que la botanique et la zoologie offrent à la géographie physique, il est permis désormais d'affirmer, après Darwin, que l'on pourra tôt ou tard indiquer avec certitude le mode de formation et l'âge relatif de chaque terre océanique.

D'abord, il est évident que les îles, les îlots et les

écueils rocheux situés dans le voisinage immédiat des côtes sont une dépendance naturelle des continents et en font géologiquement partie. A la base des hautes montagnes qui projettent au loin dans la mer des caps avancés, semblables aux racines d'un chêne, on peut en maint endroit voir, pour ainsi dire, se continuer sous la nappe de l'Océan la crête des chaînons secondaires. Le profil des hauteurs continentales s'abaisse par degrés : aux monts succèdent les collines, puis le promontoire de rochers dont les escarpements plongent sous la couche unie des eaux. Un faible détroit, simple échancrure où se rencontrent les vagues, sépare le cap d'une île moins élevée; mais plus loin s'ouvre un large canal, et la cime qui se montre à la surface, de l'autre côté de la vallée sous-marine, n'est plus qu'une aiguille de rocher. Au delà s'étend la haute mer, où les écueils submergés, s'il en existe encore, ne se révèlent que par l'écume blanchissante. Sur toutes les côtes abruptes, ces îlots appartenant à l'architecture primitive du continent sont fort nombreux; même en certains parages, notamment sur les côtes de la Norvége, de l'Écosse occidentale, de la Patagonie chilienne, ils forment de véritables archipels. Une foule d'autres îles sont de simples bancs émergés, composés d'alluvions marines ou fluviales. Elles se trouvent surtout le long des côtes basses et près des embouchures de rivières, de même que les îles qui sont dues soit au soulèvement, soit à l'affaissement graduel du sol. Ainsi la chaîne de dunes insulaires qui défend le littoral de la Frise et de la Hollande contre les assauts de la mer du Nord, de Wangerooge au Texel, est bien certainement un reste de l'antique littoral, et c'est elle encore, bien mieux que les rivages à demi noyés du Dollart et du Zuyderzee, qui marque la véritable limite entre la terre et les mers. Par un phénomène inverse, les côtes de la péninsule scandinave, qui s'exhaussent lentement au-dessus des flots, se sont enrichies d'îles nouvelles pendant le cours de l'époque géologique actuelle.

Il est certain que la Grande-Bretagne faisait autrefois partie de l'Europe. Cela est prouvé par la concordance parfaite des rivage opposés du Pas-de-Calais; cela est aussi prouvé par la flore et la faune de la grande île Britannique, dont toutes les plantes sauvages, tous les animaux, sont des colons venus du monde voisin; pas une seule espèce n'appartient, comme production spontanée, au sol de l'antique Albion. De la même manière, l'Irlande a été séparée de la Grande-Bretagne, et sur le pourtour des deux îles principales, nombre de fragments secondaires, Wight, Anglesey, les Sorlingues.

' L'archipel de la Sonde, les Moluques et les îles voisines de l'Australie offrent le plus remarquable exemple du morcellement des masses continentales. Un canal d'une trentaine de kilomètres de largeur, et d'une profondeur de plus de 200 mètres, passe entre les deux grandes îles de Bornéo et de Célèbes, et, se continuant dans la direction du sud, sépare les deux terres volcaniques, très-rapprochées l'une de l'autre, de Bali et de Lombok. Ce canal est l'ancien détroit qui servait de limite commune à l'Asie et au continent austral. A l'ouest, Java, Bornéo, Sumatra, la péninsule de Malaisie, l'Indo-Chine, reposent sur un plateau qui s'étend à 60 mètres à peine au-dessous de la surface des eaux; à l'est, Sumbava, Florès,

Timor, les Moluques, la Nouvelle-Guinée, l'Australie, se trouvent également sur une sorte de piédestal qui s'est graduellement affaissé, et sur lequel les zoophytes construisent çà et là de longues barrières d'écueils. Ainsi que le naturaliste Wallace l'a démontré par ses recherches dans l'archipel Indien, toutes les espèces, plantes et animaux, diffèrent complétement de chaque côté du canal de séparation : faune et flore sont asiatiques à l'ouest, tandis qu'à l'est elles présentent un caractère australien.

La plupart des grandes îles voisines des continents, celles de la Baltique, de la Méditerranée, de l'océan Boréal, ont la même origine que les côtes fermes les plus rapprochées, puisqu'elles n'en diffèrent ni par la constitution géologique, ni par les espèces fossiles et vivantes; mais il est aussi des massifs insulaires dans lesquels les géologues ne sauraient voir autre chose que les témoins d'espaces continentaux actuellement disparus. Ainsi Madagascar, pourtant assez rapprochée de l'Afrique, semble une sorte de monde à part, ayant une faune et une flore qui lui appartiennent en propre, et possédant même des familles entières, notamment de serpents et de singes, qui n'ont pas d'autres représentants sur la planète. De même, chose étrange, l'île de Ceylan, à demi réunie à l'Indoustan par les écueils, les îlots et les bancs de sable du Pont de-Rama, diffère beaucoup de la péninsule voisine par la physionomie générale de ses animaux et de ses plantes, et l'on peut se demander si, au lieu d'être une simple dépendance de l'Asie, elle n'est pas, au contraire, le mince débris d'un ancien continent qui s'étendait à la place de l'océan Indien, et comprenait Madagascar et les Seychelles. Parmi les fragments de ce monde disparu, il faut ranger probablement aussi, par des raisons analogues, la plupart des Antilles et la Nouvelle-Zélande.

En dehors des fragments de masses continentales antiques ou modernes, toutes les saillies qui se montrent au-dessus du niveau de l'Océan sont des volcans rejetés du fond des mers, ou des îles bâties par les zoophytes : telle est, sans exception, l'une ou l'autre origine des terres émergées. Les premières

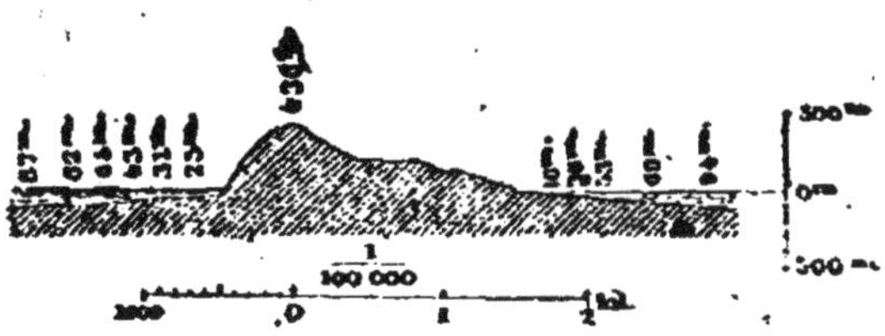

Fig. 15. — Profil de Panaria.

dressent superbement hors des flots leurs flancs recourbés en forme de talus, et révèlent l'indépendance de leur origine par une déclivité qui se continue assez régulièrement; cependant les pentes en sont toujours un peu adoucies par l'action des eaux, qui distribue au loin les cendres et les laves (fig. 15). Quant aux *atolls* ou récifs annulaires de polypiers, ils sont, pour ainsi dire, de création marine. Comme on le répète souvent, ce sont « les fondements d'un monde, » mais pour surgir au-dessus des eaux, ils doivent être soulevés par les forces intérieures de la terre (1).

(1) Voir, dans le premier volume, le chapitre intitulé les *Mouvements du sol.*

Comparés aux terres d'origine continentale, les corps vraiment insulaires composés de laves ou bâtis par les coraux ont une étendue relativement très-faible. Il semble que, d'après l'ordonnance générale du globe, la séparation devait être primitivement beaucoup plus tranchée entre la mer et les espaces émergés. D'un côté, de grandes terres continues, de l'autre des océans déserts, telle paraît avoir été la distribution naturelle; mais l'incessant travail qui s'accomplit sur notre planète, comme sur tous les astres du ciel, a modifié à l'infini la forme des reliefs continentaux et des cavités qui les séparent.

II

Iles coralligènes. — Croissance des bancs de corail. — Aspect des récifs. — Leurs formes diverses — Parages de la mer où ils se construisent.

Les innombrables organismes de l'Océan travaillent par leurs dépôts incessants à la formation de ces roches qui, tôt ou tard, doivent constituer les mondes émergés : ils « mangent et digèrent » la chaux, la craie et d'autres roches semblables à celles qui forment aujourd'hui une si grande partie de la surface des continents.

Les plus connus, sinon les plus actifs, parmi ces travailleurs de la mer, ces constructeurs d'îles, sont les polypes, au nombre de plusieurs centaines d'espèces, et dont les débris amoncelés forment des terres considérables dans la mer du Sud et dans l'Atlantique tropical. Les coraux des mers tempérées ne croissent pas en myriades assez nombreuses pour déposer des bancs de roches d'une grande étendue. C'est dans les eaux dont la température est d'au moins 19 degrés centigrades, c'est-à-dire dans une zone équatoriale d'environ cinquante degrés de largeur, que vivent et se multiplient ces foules prodigieuses d'ouvriers qui, par l'élaboration de substances calcaires contenues en solution dans la masse liquide, font graduellement surgir des terres du lit de l'Océan. Les polypes constructeurs, appartenant pour la plupart à la famille des madrépores, sont bannis de toutes les mers que traversent les courants froids. Aussi ne voit-on aucun récif de corail le long des côtes occidentales de l'Amérique du Sud, réchauffées par un soleil tropical, mais baignées par les eaux fraîches venues du pôle. C'est aussi probablement à cause de l'accroissement graduel du froid dans les couches profondes de la mer que les coraux bâtisseurs vivent seulement à une faible profondeur au-dessous de la surface; à plus de 50 mètres, la drague n'en découvre pas un seul.

En certains parages des vastes mers du Sud, les multitudes de ces fleurs animées, dont les variétés brillent des couleurs les plus vives, donnent à la surface de l'eau, sur les bas-fonds, l'aspect d'une campagne diaprée de corolles éclatantes. Quant à la masse calcaire produite par les générations successives des madrépores, elle est en général d'un blanc mat. Les récifs bâtis par les méandrines se développent en protubérances mamelonnées, sur lesquelles serpentent des lignes semblables aux circonvolutions d'un lobe cérébral; les constructions des porites s'étalent en larges assises régulières, tandis que d'autres sont formées de cavités hérissées

de pointes, ou bien encore ont l'apparence de broussailles changées en pierre. Mais bientôt les troncs
et les branches des polypiers se brisent en fragments
et se mêlent à d'autres débris, la contexture de
la roche disparaît, la masse, qui est en entier
l'œuvre des animaux, paraît entièrement dépourvue
de restes organiques : ce n'est plus qu'une couche
calcaire.

Dans chaque récif encore vivant, les coraux les
plus vigoureux, tels que les méandrines et les porites, occupent la partie extérieure des rochers exposés à toute la force des vagues; leurs remparts,
que viennent assaillir les marées et la houle, proté-
gent les espèces plus délicates vivant à l'abri dans
les eaux tranquilles des canaux et des lagunes de
l'intérieur du récif. Du reste, les bancs ne sont point
uniquement composés de polypiers : des coquillages
d'une grande variété abondent dans toutes les vas-
ques des rochers et grossissent de leurs restes l'é-
paisseur de la pierre; des échinodermes remplissent
de leurs épines toutes les anfractuosités; enfin des
milliards et des milliards de foraminifères, autre
monde vivant sur le monde des coraux, fourmillent
dans chaque flot qui baigne le récif. En maints parages des mers du Sud, notamment sur la Grande-
Barrière de l'Australie, le sable des plages est en
entier composé des disques blanchâtres de ces animaux marins. Toute l'immensité pullulante, comparable à un appareil chimique de prodigieuses dimensions, sépare incessamment les sels de chaux enlevés
aux terres par les eaux marines et les met en ré-
serve pour des continents futurs.

Depuis Strahan, qui découvrit, en 1702, les merveilleux travaux des madrépores, tous les navigateurs ont raconté comment les constructions amenées par les polypes jusqu'à fleur d'eau peuvent se transformer graduellement en terre ferme et se revêtir de végétation. Les vagues brisent les tiges saillantes, soulèvent des fragments de corail mal assujettis et les roulent devant elles jusqu'au point le plus haut du récif. Là se forme peu à peu une plage de débris, où déferlent les brisants en apportant le sable, les coquillages rompus, les restes des innombrables organismes qui vivent dans la mer. Enrichi par ces relais du flot, le rivage calcaire se recouvre çà et là d'une mince couche de sol végétal, où tôt ou tard vient germer une graine dont le courant s'était emparé en rasant une terre éloignée. Quelques plantes terrestres embellissent de leur verdure la côte grise et monotone; puis des arbres y prennent racine; des insectes, des vers, transportés sur des troncs de dérive comme sur des radeaux, peuplent les bosquets naissants; des oiseaux viennent à tire d'aile y cacher leurs nids dans le feuillage; souvent quelque famille de pêcheurs, attirée de loin par la beauté du site, vient prendre possession de la terre nouvelle, et construire sa cabane au bord d'une source, qui s'est peu à peu formée dans une cavité par l'écoulement souterrain des eaux de pluie. Il en est qu'on a vu naître pendant le cours de ce siècle. Ainsi l'île de Bikri, dans l'atoll d'Ebon, n'atteignait pas encore la surface de l'eau en 1825; en 1860, c'était déjà un rocher émergé d'une quarantaine d'ares, et quelques pandanus semés par les vagues croissaient dans le sable de la plage. D'autres îles, jadis séparées, se sont maintenant réunies pour former une seule terre en croissant, et l'on reconnaît encore les anciens chenaux par leurs roches nues ou recouvertes d'une maigre végétation.

D'après Dana, les grandes îles coralligènes du Pacifique sont au nombre de 290 et comprennent ensemble une superficie de 50,000 kilomètres carrés, soit environ la huitième partie de la surface émergée dans cet océan. Quant aux petites îles de la même origine, on n'a point encore essayé de les compter. Sans exagérer, le roi des Maldives, nom qui signifie *îles innombrables*, a pu se donner le titre de sultan des treize atolls et des douze mille îles.

D'ordinaire, c'est la fraction de l'anneau tournée vers les parages d'où le vent souffle le plus fréquemment qui offre le plus de terres émergées ou même une demi-circonférence complète, car c'est au choc de la houle que se plaisent les animalcules constructeurs. Cependant il est des archipels, comme celui des Marshall, où les îles continues se développent précisément sur le côté de l'atoll le moins battu des vagues. On explique ce fait par la violence des vents alizés du nord-est qui, pendant six mois de l'année, transportent des récifs orientaux à ceux de l'occident tous les matériaux brisés, toutes les épaves, et construisent ainsi une plage artificielle sur la partie de l'atoll la moins riche en polypiers.

Du reste, l'aspect des récifs diffère grandement suivant l'activité des coraux et les diverses conditions physiques du sol dans lequel ils élèvent leurs édifices. Autour d'un grand nombre d'îles, dont Tahiti peut fournir l'exemple (fig. 16), les récifs des madrépores frangent les rivages comme des écueils,

et c'est à peine s'il reste entre la terre ferme et la
ceinture des récifs proprement dits un étroit chenal,

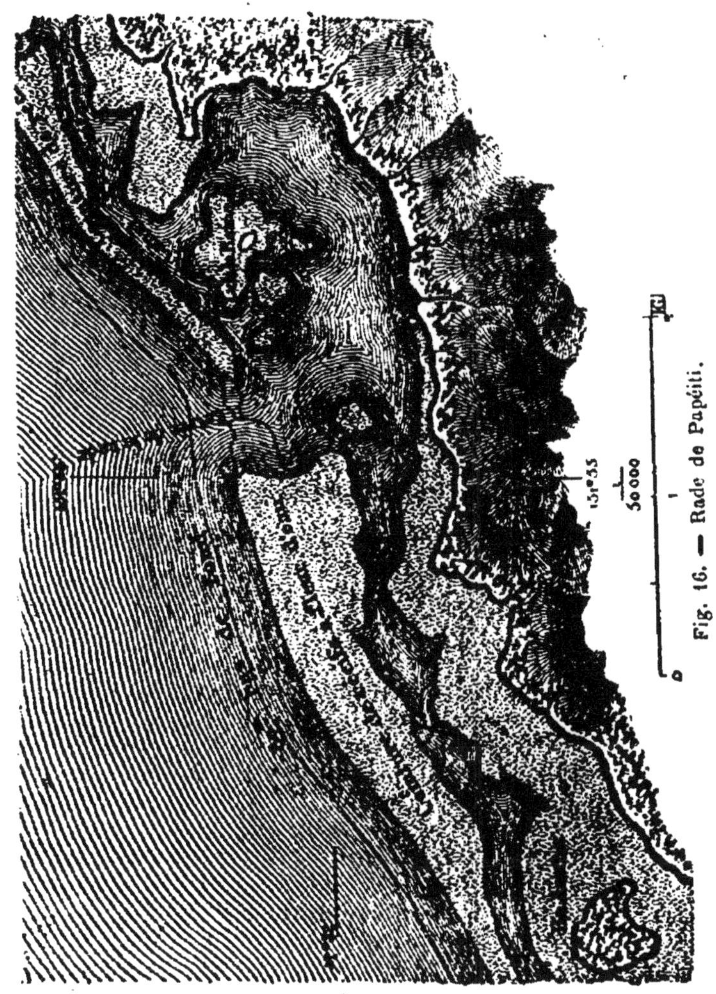

Fig. 16. — Rade de Papéiti.

où les embarcations pénètrent difficilement, mais
où elles naviguent en sùreté, protégées contre la
houle du large. D'autres îles sont entourées, à une

assez grande distance, d'un anneau de roches presque complet et de formes assez régulières. Ailleurs, l'île centrale a disparu et se trouve remplacée par une lagune que l'atoll enveloppe de toutes parts

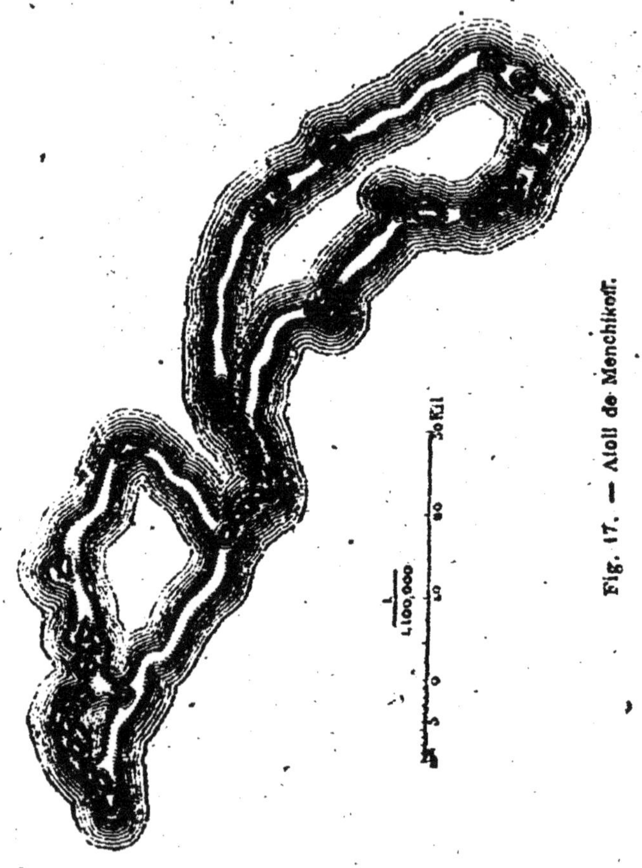

Fig. 17. — Atoll de Menchikoff.

d'un cercle de plages et de brisants. Tel atoll est simple, comme, par exemple, l'atoll de Keeling, célèbre par la description de Darwin; tel autre est double, comme celui de Menchikoff (fig. 17); tel autre encore est multiple, infini pour ainsi dire, comme ces merveilleuses agglomérations des Maldives, où chaque récif est un atoll en miniature, composant avec d'autres récifs de forme semblable un atoll plus grand, qui est lui-même le chaînon d'un immense atoll de 100 kilomètres de tour.

Il est aussi dans la mer plusieurs rangées d'îlots épars qui ne semblent point différer des archipels en désordre des mers tempérées et qu'on ne reconnaîtrait point comme des fragments d'une grande île annulaire, si un cercle de bas-fonds ne montrait que ces îlots sont tout simplement les saillies émergées d'un atoll sous-marin. Enfin, certaines îles de corail, celles d'une partie de l'archipel de Kingsmill notamment, ont des formes presque parfaitement régulières de triangles et de carrés. Il est difficile d'expliquer cette bizarre disposition, qui provient sans doute du conflit des courants océaniques.

En comparant, à plusieurs reprises, la hauteur exacte des bancs de coraux qui frangent la base des forts bâtis sur les écueils des côtes de la Floride, Agassiz a trouvé que la croissance moyenne doit en être évaluée à 20 ou 30 centimètres par siècle.

D'après l'Américain Hunt, qui a également étudié avec beacoup de soin les constructeurs de récifs, la période nécessaire aux polypes pour élever, de l'est à l'ouest, les bancs de la Floride aurait duré au moins 864,000 années, et pour le développement de la péninsule dans le sens du nord au sud, le temps indispensable n'aurait certainement pas été moindre de 5,400,000 ans. Ainsi les travaux des madrépores s'opèrent avec lenteur, et de très-petits changements dans la distribution relative des terres et des mers mettent une longue série de siècles à s'accomplir; néanmoins ces populations innombrables d'animalcules finissent par construire des écueils, îlots, îles et péninsules continentales. Elles sont à l'œuvre sur presque tous les bas-fonds et les rivages de la mer Rouge, de l'océan Indien et du Pacifique, c'est-à-dire sur un développement total de côtes de plusieurs centaines de mille kilomètres.

Ce n'est donc point par une simple figure de langage que les géographes désignent les coraux comme des bâtisseurs de continents futurs. Entre l'Australie et la Nouvelle-Guinée, dans cette partie de l'Océan qui a reçu tout spécialement le nom de « mer de Corail, » les innombrables myriades associées ne travaillent à rien moins qu'à reconstruire l'ancienne partie du monde qui, dans l'hémisphère du sud, faisait autrefois équilibre à la puissante masse de l'Asie. La ligne continue de récifs qui s'étend au large des côtes de Queensland et de la péninsule du cap York, n'a pas moins de 1500 kilomètres de longueur; vers l'entrée du détroit de Torres, ce mur de corail, très-bien nommé la Grande-Barrière, s'est changé en une véritable digue, dont les plus habiles marins connaissent seuls les ouvertures. Sur un espace de 500 kilomètres environ, l'accès du rivage de l'Australie et du détroit de Torres est complétement défendu par ce sinueux rempart de roches madréporiques, et par delà cet obstacle, les navires qui se dirigent vers les îles de la Sonde, ont encore de nombreux récifs à doubler, et tout un dédale d'étroits chenaux à suivre avec précaution avant d'entrer dans la mer libre. Un isthme d'écueils,

large de 200 kilomètres, unit ainsi le continent australien et la grande île de la Nouvelle-Guinée.

Dans l'océan Atlantique, les seules constructions

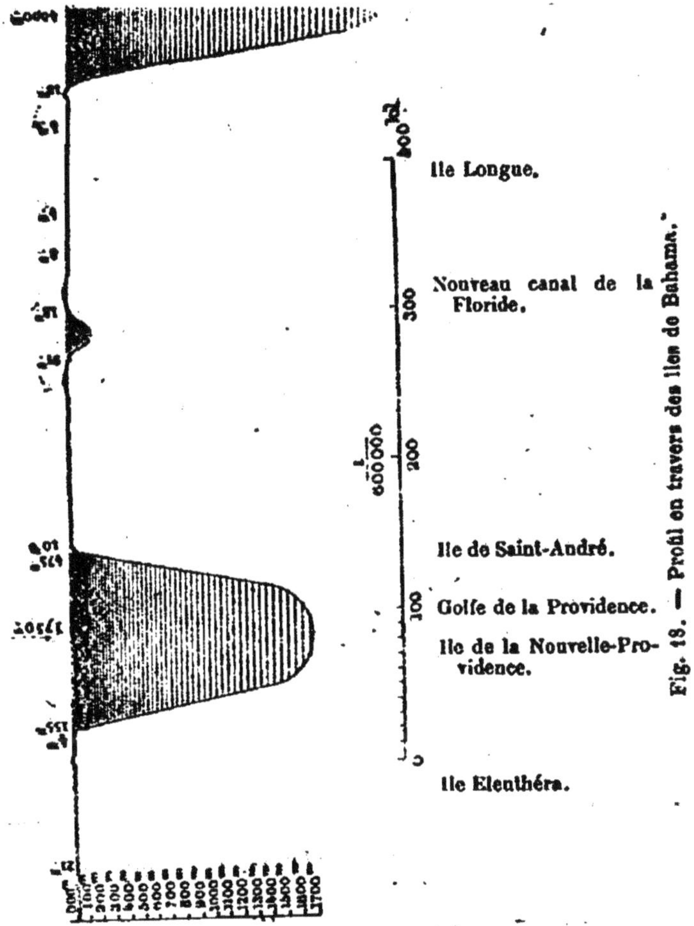

Fig. 18. — Profil en travers des îles de Bahama.

importantes des coraux se trouvent le long des côtes
du Brésil, entre les récifs des Abrolhos et le cap Saint-
Roch, à l'issue du golfe du Mexique et dans la mer
des Caraïbes. L'archipel des îles Bahama, destiné à
devenir le plus grand des Antilles (fig. 18) dans

quelque âge futur, a été entièrement élevé par eux,
aussi bien que la Floride.

Du côté de la haute mer, les îles, développées en
un arc de cercle très-allongé, dont la forme rappelle

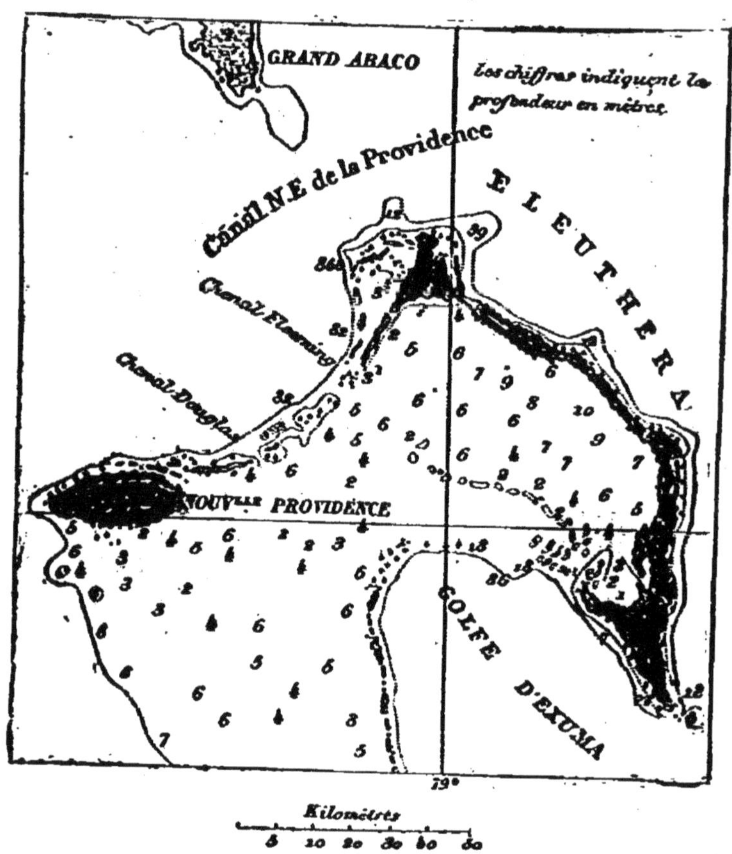

Fig. 19. — Iles d'Eleuthéra et de la Nouvelle-Providence.

celle d'un hameçon, ressemblent uniformément à
des atolls imcomplets ; les madrépores, les astrées,
les caryophyllées, aimant à travailler au choc des
grandes vagues du large, ne peuvent, en effet, ter-

miner leurs constructions que du côté où les frappe la houle et ne se bâtissent point de murs annulaires, semblables à ceux qui se dressent au milieu des eaux du Pacifique (fig. 19). Par contre, le long des côtes de la Mosquitie et du Honduras, parages de la mer des Caraïbes où les vents soufflent de divers côtés suivant les saisons, les îles de coraux se développent en cercles parfaitement réguliers

III

Modifications incessantes de la forme du littoral. — Les *fjords*. — Le comblement des golfes par les alluvions marines et fluviales.

La partie la plus importante des travaux géologiques de l'Océan est cachée à nos yeux; car c'est au fond de ses abîmes que se déposent la silice, la chaux, la craie et les débris de toute espèce qui constitueront un jour de nouvelles terres; mais du moins nous pouvons assister aux modifications continuelles que le mouvement incessant des eaux marines fait subir aux rivages. Des promontoires sont rasés tandis qu'ailleurs des pointes s'avancent dans les flots; des îles sont transformées en écueils, d'autres s'engloutissent, d'autres encore se rattachent aux continents. La ligne sinueuse du rivage ne cesse d'osciller, empiétant ici et reculant plus loin.

Avant que la mer eût modifié ses côtes en abattant les péninsules et en remplissant les baies et les estuaires, la forme du littoral était certainement beaucoup moins régulière qu'actuellement. Que par une brusque révolution, les eaux marines s'élèvent à 100 ou à 200 mètres au-dessus de leur niveau, et l'Océan, inondant toutes les vallées des fleuves et des rivières jusqu'à une très-grande distance des rivages actuels, entrera soudain en golfes allongés dans les dépressions du continent changera en baies les vallons et les gorges latérales. A la place de chacune des embouchures de fleuves qui accidentent à peine la ligne normale de la côte, s'ouvriront de profondes découpures se partageant elles-mêmes en de nombreuses ramifications. Cependant un travail en sens inverse commencerait aussitôt après que ce changement dans le profil des rivages se serait accompli : d'un côté, les cours d'eau, apportant leurs alluvions, empliraient graduellement les vallées supérieures et rétréciraient peu à peu le domaine des conquêtes maritimes; d'un autre côté, l'Océan travaillerait aussi, par ses cordons littoraux, ses flèches de sable ou de galets, à retrancher de sa surface toutes ces baies nouvelles que lui aurait données la crue subite de ses eaux. Après un laps indéterminé de siècles, le rivage retrouverait enfin cette forme doucement ondulée qu'offrent aujourd'hui la plupart des côtes.

Eh bien! il est encore plusieurs contrées où ce double travail de la mer et des eaux continentales est à peine commencé. Ces terres, dont le littoral, gardant ainsi sa forme première, est coupé d'échancrures profondes, sont toutes situées à une grande distance de l'équateur, dans le voisinage de la zone polaire. En Europe, les côtes occidentales de la Scandinavie, de même que celles des îles adjacentes, sont déchiquetées par une série de *fjords* ou golfes ramifiés, qui en longueur le développement du pourtour continental.

Les plateaux de la Scandinavie se terminant brusquement au-dessus de la mer du Nord, les pentes qui dominent les sombres défilés des fjords sont presque toutes très-escarpées; il en est qui se re-

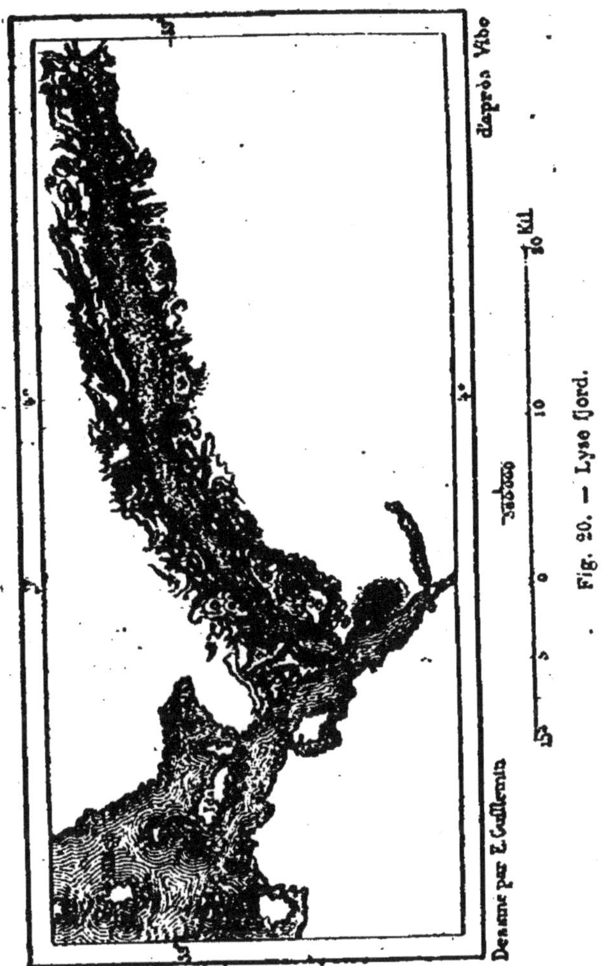

Fig. 20. — Lyse fjord.

dressent en murailles perpendiculaires ou même surplombantes, servant de piédestal à de hautes montagnes. Dans mainte baie de la Norvège occidentale, on voit les cascades bondir du haut des falaises et se précipiter d'un jet dans la mer, de sorte que les embarcations peuvent se glisser entre les parois des rochers et la parabole des cataractes. Au-dessous de l'eau, les escarpements se continuent, tellement qu'en certains défilés de rochers, dont la largeur de falaise à falaise est de 200 ou de 100 mètres seulement, il faut jeter la sonde jusqu'à 500 ou 600 mètres de profondeur avant de toucher le roc (fig. 20).

Les îles du Spitzberg, les Feroeer, les Shettland présentent aussi sur leur pourtour des centaines de fjords, pareils à ceux de la Scandinavie. Les côtes de l'Islande, du Labrador et du Groënland occiden-tal, (fig 21) celles des îles de l'archipel Polaire, enfin le littoral américain du Pacifique, de la longue pé-ninsule d'Alaska au labyrinthe des îles de Vancou-ver, ne sont pas moins riches en découpures que le littoral de la Norvège. De même les rivages de l'É-cosse sont profondément découpés, mais seulement du côté de l'ouest, où se trouvent en outre l'archipel des Hébrides et d'autres îles nombreuses reprodui-sant en miniature le dédale des promontoires et des baies de la grande terre; la partie de l'Irlande tournée vers la haute mer se développe également en une succession de péninsules rocheuses séparées par des golfes étroits; mais au sud et à l'est, les côtes de cette île sont beaucoup moins accidentées de formes.

En France, on ne trouve guère de vestiges d'é-chancrures pareilles à celles des fjords novégiens, si ce n'est à l'extrémité de la Bretagne; aussi n'existe-t-il même pas de nom dans la langue pour désigner

ces indentations. De même, en Espagne, la partie de
la péninsule tournée vers le nord-ouest, et où s'ou-

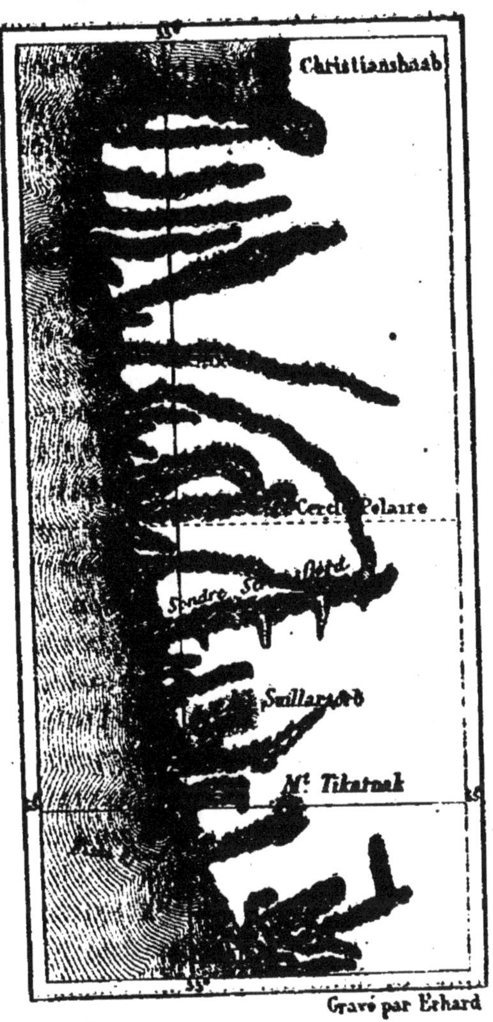

Fig. 21. — Fjords du Groenland.

vrent les ports du Ferrol et de la Coruña, est la
seule qui présente quelques traces de fjords à demi
comblés. Aux bords de la Méditerranée, deux con-

trées ont aussi leurs côtes découpées en fjords partiellement oblitérés par les alluvions : ce sont l'Asie
Mineure et la Dalmatie, dont les hautes montagnes,
jadis couvertes de glaciers, dominent d'étroites baies
aux bizarres découpures. Plus au sud, dans toutes
les régions où la température est plus élevée qu'en
France, il n'existe pas de fjords. Pour retrouver
cette formation des rivages maritimes, il faut aller
jusqu'à l'extrémité méridionale du continent américain, dans l'archipel Magellanique, dans les îles
Falkland et dans la Nouvelle-Zélande. Quant aux
terres du continent antarctique, on ne peut en reconnaître les indentations, puisque les contours des baies
et des caps, des golfes et des presqu'îles sont oblitérés,
masqués à la vue par des glaciers et des banquises.

Ainsi, l'étude comparée des rivages amène à la
constatation de ce fait, que les fjords se rencontrent
uniquement sur le littoral des contrées froides, et
qu'à égalité de température, ils sont beaucoup plus
nombreux et plus développés sur les côtes occidentales que sur les rives tournées vers l'orient. Pourquoi cet étrange contraste géographique s'est-il produit entre les divers rivages, suivant la position qu'ils
occupent au nord ou au midi, à l'ouest ou à l'est?
Une cause dont les effets se sont produits à la fois,
et de la même manière, aux deux extrémités des
continents, dans les terres boréales de l'Amérique
et de l'Europe et dans les îles Magellaniques, doit
avoir été nécessairement un grand phénomène géologique agissant pendant tout un âge de la planète.

Ce phénomène était le climat spécial qui, pendant
la période glaciaire, se faisait jadis sentir à la surface du globe et transformait en longs fleuves de

glace les névés des montagnes. La carte parle elle-
même pour ainsi dire ; elle raconte clairement comment les fjords ont été maintenus dans leur état
primitif par le séjour prolongé des glaciers. En effet,
la période de froid dont on voit encore tant de témoignages non équivoques au pied de toutes les
chaînes de montagnes, a naturellement duré plus
longtemps dans le voisinage des pôles que sous la
zone torride et dans les régions tempérées. Cette
période glaciaire, terminée peut-être depuis des milliers de siècles sur les plages brûlantes du Brésil et
de la Colombie, a cessé sur les côtes de France et
d'Angleterre depuis une époque relativement récente. A un âge encore plus rapproché de nos temps
historiques, les fjords de la Scandinavie se sont à
leur tour dégagés des glaciers qui les remplissaient,
et tout à fait dans l'extrême nord et dans les régions
antarctiques, il est des contrées où les fleuves de
glace descendent encore jusqu'à la mer et s'étalent
au loin dans les golfes. Sur des côtes encore plus
froides, comme au nord du Groenland, et de l'autre
côté du monde, sur le pourtour des terres antarctiques, les baies sont même entièrement comblées
par les glaces, qui débordent au large et donnent
un profil régulier à l'ensemble des côtes. Pourtant
des vallées cachées par la banquise découpent aussi
ce littoral polaire, et dans une période géologique
future, lorsque les glaces auront disparu, ces indentations du continent deviendront à leur tour des
fjords semblables à ceux de la Scandinavie.

A l'époque où les baies de la Norvège étaient
comblées par les glaces, comme le sont de nos jours
celles du Groenland septentrional, elles gardaient

leur forme primitive, si ce n'est que les parois latérales et les roches du fond étaient striées et polies
par le frottement de la masse et des débris qu'elle
entraînait. Les éboulis de pierre tombés sur les
névés et sur le champ du glacier, les amas de cailloux et de terre enlevés par les intempéries et le
dégel aux flancs des montagnes, formaient des moraines exactement semblables à celles que l'on voit
de nos jours sur les glaciers amoindris des monts
Scandinaves; mais ces moraines, au lieu de s'écrou-
ler avec les glaces dans quelque vallée des montagnes de l'intérieur, étaient portées jusqu'au débou-
ché des fjords dans la haute mer et s'abîmaient au
milieu des flots avec les pans détachés du glacier
lui-même. Les éboulis successifs de roches et de
cailloux devaient nécessairement élever peu à peu
une moraine frontale sous-marine, et l'on trouve en
effet, à l'entrée de tous les fjords scandinaves, des
écueils de débris se dressant comme des remparts
hors de l'eau profonde. Les marins de la Norvège
donnent le nom de « ponts de mer » à ces barrages
naturels qui servent de limite aux anciens glaciers
et où les poissons des eaux voisines se rassemblent
par myriades. Au large des côtes de l'Ecosse occidentale, de même qu'à l'entrée des petits golfes du
Finistère, on remarque aussi des cordons de bancs
sous-marins et de récifs, qui ne sont probablement
autre chose que d'anciennes moraines glaciaires.

Après la période de froid, les glaciers de la Scandinavie reculèrent peu à peu dans l'intérieur des
fjords, puis cessèrent de toucher le niveau de la
mer. Par suite de la fonte des glaces, leur extrémité
inférieure remonta de plus en plus avant dans les

vallées ouvertes sur le flanc des monts. C'est alors
que commença pour les torrents et pour la mer
l'immense travail géologique du comblement des

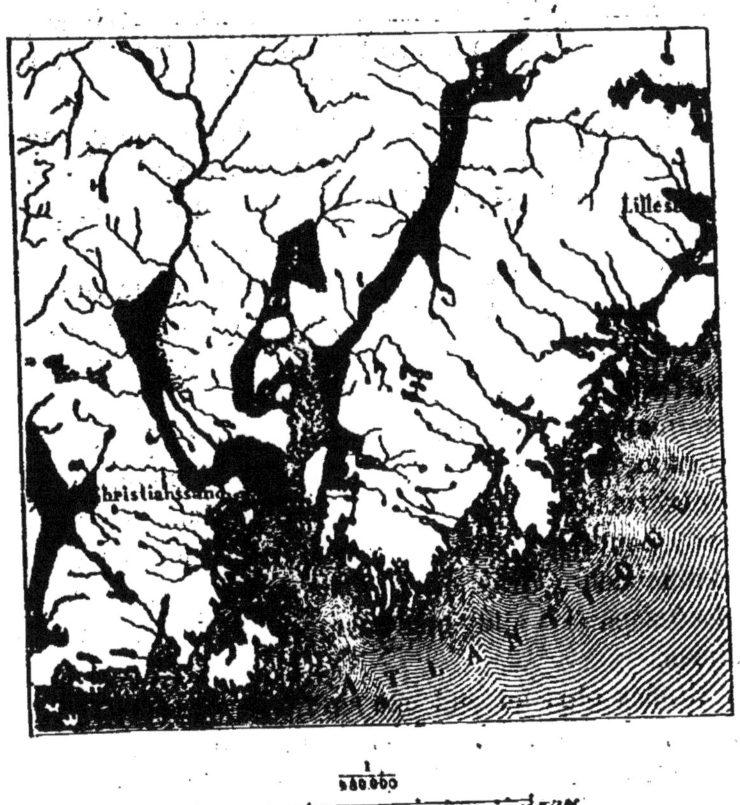

Fig. 22. — Fjords comblés de Christianssand.

baies. Les eaux fluviales apportent leurs alluvions
et les déposent en plages unies au pied des montagnes, tandis que la mer étale en nappes de sable ou
de vase tous les débris des rochers qu'elle sape de
ses vagues. Déjà dans un grand nombre de fjords
(fig. 22), cette œuvre de transformation du domaine

des eaux en terre ferme a fait des progrès très-sensibles, et si l'on connaissait le taux séculaire de l'accroissement des plages, on pourrait calculer à peu près l'époque à laquelle la vallée s'est trouvée libre de glaces. Sur le versant incliné du côté de l'est, vers les campagnes de la Suède, un travail analogue s'accomplit : là, les glaciers ont été remplacés, non par les flots de la mer, mais par des eaux lacustres étagées en bassins, qui se remplissent aussi peu à peu.

De même, du Tanaro au Tagliamento, sur vingt-sept vallées des Alpes tournées vers les plaines de la Lombardie, sept, qui furent autrefois les lits de puissants glaciers, sont devenus des sortes de fjords continentaux : tels sont les lacs Majeur, d'Iseo, de Lugano, de Côme, de Garde. Ces bassins lacustres sont fermés au midi par de larges moraines pareilles aux « ponts de mer » de la Norvège, et leurs eaux, comme celles des fjords, sont graduellement déplacées par les alluvions qu'apportent les torrents alpins.

Situées plus au sud que les fjords de la Scandinavie, et plus rapprochées de la source du tiède courant venu des Antilles, les baies occidentales de l'Écosse ont dû être libres de glaces bien avant les côtes de la Norvége, et c'est antérieurement encore que les échancrures du littoral de l'Irlande et de la Bretagne française ont cessé de servir de lits aux neiges solidifiées des montagnes environnantes. Quant aux rivages des îles Britanniques tournés à l'est vers la mer du Nord, ils étaient certainement débarrassés de glaces depuis longtemps, car à cette époque comme aujourd'hui, les vents d'ouest et du sud-ouest dominaient en Europe et portaient les pluies sur les pentes des montagnes inclinées vers l'Atlantique; sur le versant opposé, les glaciers se sont fondus plus tôt à cause du manque de l'humidité nécessaire. Telle est la raison du frappant contraste qu'offrent, dans les îles Britanniques et en Islande, les côtes occidentales, toutes découpées de baies profondes, et les rivages orientaux, dont les fjords sont moins accusés ou même complétement oblitérés par les alluvions. De même au sud de l'Amérique, les pluies étant beaucoup plus abondantes sur le versant occidental des montagnes de la Patagonie, les glaciers sont descendus beaucoup plus bas dans les vallées, et les fjords, maintenus par les glaces dans leur état primitif, font encore de toute cette partie du littoral américain un véritable labyrinthe. C'est par les mouvements de l'atmosphère qu'on explique la forme des continents.

<h2 style="text-align:center">IV</h2>

Destruction des anciens rivages. — Les écroulements des falaises. — Marmites de géant. — Souffleurs — Prairies flottantes. — Plates-formes des falaises. — Brise-lames formés par les décombres. — Destruction des îles.

A la vue des falaises et des écueils qui bordent la mer sur une si grande étendue du littoral, on se demande avec effroi comment les assauts répétés des vagues ont pu suffire pour tailler ainsi les montagnes et les coteaux dont les bases doucement inclinées se baignaient autrefois dans le flot.

Pour avoir une idée de la force destructive exercée par l'Océan, il suffit de le contempler, par un jour de tempête, du haut des falaises crayeuses de Dieppe ou du Havre. A ses pieds, on voit l'armée des vagues blanchissantes se ruer contre les rochers. Poussées à la fois par le vent du large, la marée et le courant latéral, elles bondissent par-dessus les écueils et les talus du bord et viennent frapper obliquement la base des falaises. Projetée dans les fentes du roc avec une terrible force d'impulsion, l'eau délaye toutes les matières argileuses ou calcaires, déchausse peu à peu les blocs ou les assises plus solides, les arrache d'un coup, puis les roule sur la grève et les brise en galets qu'elle promène avec un bruit formidable. A travers le tourbillon d'écume bouillonnante qui assiége le rivage, on ne fait qu'entrevoir l'œuvre de démolition; mais les vagues sont tellement chargées de débris, qu'elles offrent jusqu'à l'horizon une couleur noirâtre ou terreuse.

Quand la tourmente a cessé, on peut mesurer les empiétements de la mer et calculer les milliers de mètres cubes de pierre engloutis et transformés en galets et en sable. Vers la fin de l'année 1862, pendant l'une des plus terribles tempêtes du siècle, M. Lennier a vu la mer abattre les rochers de la Hève sur une épaisseur de 15 mètres. Depuis l'année 1100, les eaux de la Manche, aidées par les pluies, les gelées et les autres intempéries qui agissent fortement sur les assises supérieures, ont entamé cette falaise de plus de 1,400 mètres, soit de 2 mètres par an.

Sur les côtes méridionales et orientales de l'Angleterre, les envahissements de la mer ont lieu avec une rapidité égale ou même supérieure. A l'est de la péninsule de Kent, les eaux se sont avancées de plus de 6 kilomètres vers l'ouest depuis la période romaine. Dans leurs envahissements successifs, elles ont submergé les vastes domaines du comte saxon Goodwin, et les ont remplacés par les redoutables Goodwin-Sands, où tant de navires se perdent chaque année, puis elles ont transformé en une grande rade ouverte l'étroite lagune des Downs. D'après les calculs de M. Marchal, la masse totale des rochers que brisent et dévorent chaque année les eaux de la Manche orientale est d'environ 10 millions de mètres cubes. Sur les côtes du Dahra, en Algérie, un seul éboulis de la côte, qui a comblé une petite anse où venaient mouiller les balancelles espagnoles, a été évalué par M. Bourdon à la contenance de 3 millions et demi de mètres cubes.

Il ne faut point croire que ce soit la seule force d'impulsion de l'eau marine qui démolisse les falaises du bord. La masse liquide serait presque impuissante contre les durs rochers si, en approchant de la rive, elle ne se chargeait de débris de toute espèce, blocs et galets, sables et coquillages, projectiles que lance chaque vague contre les murs qui la dominent. Se servant des pierres tombées précédemment comme d'autant de béliers d'attaque, le flot les roule sur l'estran jusqu'au pied des falaises, heurte les saillies, les ébranle et finit par les briser et les réduire en sable. Ce sable lui-même, incessamment froissé et refroissé sur les roches, use peu à peu les assises les plus solides et continue ainsi l'œuvre de sape commencée par les galets : ce sont en grande partie les propres débris du promontoire qui servent à le renverser dans la mer. Sur toutes les côtes rocheuses de la Scandinavie, de l'Écosse, de l'Irlande, de la Bretagne, les multitudes d'écueils

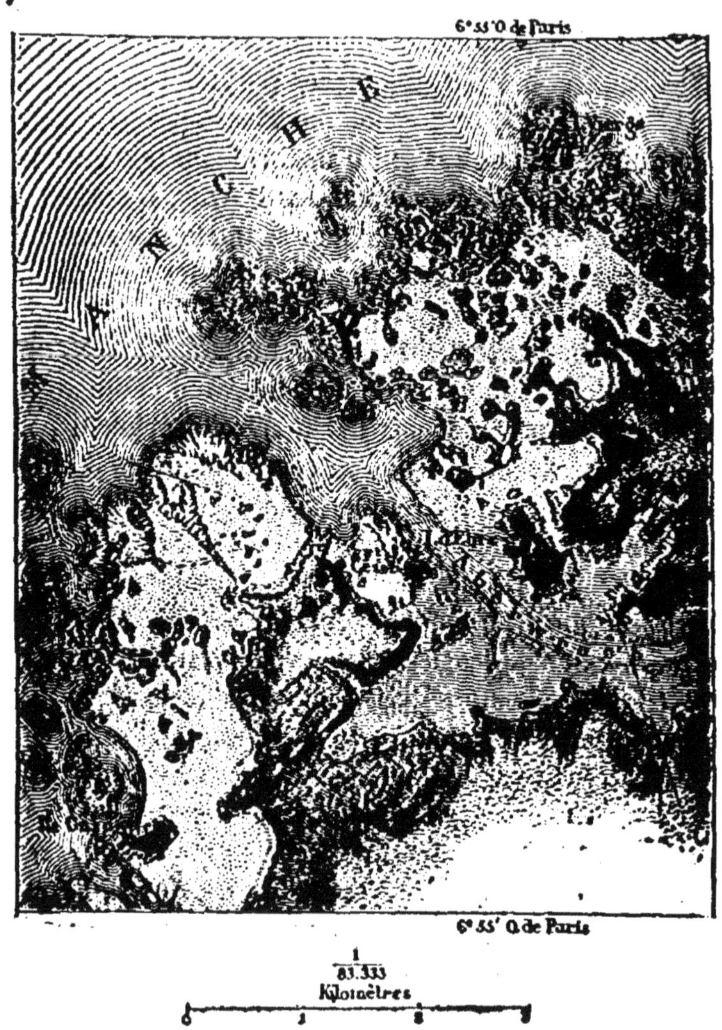

Fig. 23. — L'Aberwrac'h.

qui parsèment la mer jusqu'à une grande distance du rivage ne sont autre chose que d'anciennes fon-

dations du continent qui ont été graduellement ra-
sées par les cailloux et par les sables jusqu'au niveau du flot. Du haut d'une colline, sur les côtes de
Paimpol, de Morlaix, de l'Aberwrach, on peut ainsi
distinguer, à marée basse, quelle était la forme primitive de la côte (fig. 23).

Sur le bord de la mer, aussi bien que dans les
fleuves à la base des cataractes, les excavations
profondes et régulières connues sous le nom de
« marmites de géant » sont l'un des travaux géologiques les plus curieux accomplis par les blocs
épars. Toute pierre reposant librement dans une
anfractuosité de la roche où déferlent les vagues
creuse, pendant le cours des âges, une espèce de
puits dont les parois sont polies et comme rabotées
par le frottement. A la longue, ces cavités, où la
pierre graduellement arrondie ne cesse d'osciller sur
sa base ou de tournoyer avec les sables, acquièrent
en profondeur et en largeur une dimension de plusieurs mètres : ce sont alors, d'après la tradition, les
marmites où les géants d'autrefois préparaient leur
repas. Il existe de très-remarquables excavations de
ce genre sur les côtes de la Scandinavie, où les
blocs de granit roulés par une mer furieuse sont
retenus par les roches abruptes dans un grand
nombre d'anfractuosités.

Un phénomène non moins intéressant que le tournoiement des pierres dans les marmites de géant est
la soudaine apparition de colonnes d'eau marine qui
s'élancent en jets à travers les fissures du rocher.
Quand une grande vague s'engouffre dans une des
cavernes fissurées du littoral, son impulsion est parfois telle que la roche en retentit comme d'une dé-

charge d'artillerie. La masse d'eau chasse l'air devant elle, et, ne trouvant pas dans les parois qui l'entourent et qui la compriment un assez large espace pour se développer, jaillit par les fentes de la voûte. La plupart de ces fissures, graduellement sculptées à nouveau par les colonnes liquides qui s'en échappent, prennent à la longue l'aspect de véritables puits, où chaque retour de la vague est signalé par une sorte de geyser de dimensions variables. Il en est qui jaillissent à plusieurs mètres de hauteur, et qu'on aperçoit d'une grande distance, comme le jet de souffle humide par lequel la baleine se trahit au loin : de là le nom de *souffleurs* donné en plusieurs pays à ces phénomènes.

Il est même certains rivages si profondément ouverts du côté de la mer par de larges vides, que les vagues pénètrent à une grande distance dans l'intérieur du continent. On en voit un exemple dans la partie de la Louisiane connue sous le nom des Attakapas. Là, les prairies du littoral, protégées contre les tempêtes du golfe du Mexique par des chaînes de bancs de sable et de longues îles parallèles au rivage, n'ont cessé de gagner incessamment sur l'Océan; mais elles ne sont solides qu'à la surface, et le fouillis de leurs racines est baigné par l'eau de mer, qui s'avance au loin dans une baie aux contours invisibles. Les pêcheurs ne craignent pas de s'aventurer sur ces prairies flottantes, en tout semblables à celles des marécages, et c'est en perçant le sol au-dessous de leurs pieds qu'ils s'emparent du poisson caché dans ces retraites.

Tous les promontoires rocheux exposés à la violence des orages, ou simplement effleurés par un courant, sont affouillés à leur base. L'érosion s'accomplit d'une manière plus ou moins rapide, suivant la marche des vagues, la distribution et l'inclinaison des assises, la dureté des roches et la composition chimique de leurs molécules. Aussi étrange que paraisse cette assertion, l'eau de la mer peut même, dans certains cas, détruire par la combustion les rochers de ses bords. Les falaises de Ballybunion, sur la côte occidentale de l'Irlande, au sud de l'estuaire du Shannon, ont été brûlées ainsi. Leurs strates, qui contiennent des strates bitumineuses et des pyrites de fer, ayant été exposées à l'action de l'atmosphère par suite d'un éboulis considérable, une oxydation rapide des pyrites eut lieu et produisit une chaleur assez intense pour mettre en feu toute la partie bitumineuse de la falaise. Pendant des semaines, les rochers brûlèrent comme un vaste brasier.

Un grand nombre de falaises, notamment celles de l'Angleterre et de la Normandie, qui sont composées de couches assez friables, s'écroulent de haut en bas quand leurs assises inférieures sont rongées, et leurs parois, rarement interrompues par des « valleuses, » étroites brèches où coulent les ruisseaux temporaires ou permanents, ressemblent à d'énormes murailles de 50 à 100 mètres d'élévation. Ailleurs, les promontoires, formés de roches dures, ne s'effondrent point lorsque leurs strates inférieures sont emportées par la mer, et les vagues, fouillant incessamment la base de ces rochers, peuvent y sculpter des colonnades, des portes en arceaux, des galeries cintrées, de vastes grottes où l'eau tremblante éclaire la voûte de ses reflets d'azur.

D'autres falaises, dont le promontoire du Socoa, près de Saint-Jean-de-Luz , peut être considéré comme un type, sont composées de roches d'ardoise diversement inclinées vers la mer, rongées par les vagues : quelques plaques schisteuses se détachent, d'autres se courbent et s'écartent comme les feuillets d'un livre entr'ouvert, et permettent aux flots de se glisser en longues nappes écumeuses jusque dans le cœur de la falaise pour en jaillir ensuite en immenses fusées. Enfin, sur d'autres rivages, les rochers, coupés de failles verticales, sont graduellement isolés les uns des autres et séparés en groupes distincts par l'action des eaux. Entourés par une mer grondante, ils se dressent sur leur base d'écueils comme des tours, de monstrueux obélisques, des arcades gigantesques, des ponts croulants. Tels sont les rocs innombrables qui dominent les flots dans l'archipel des Shettland et dans les Orcades. Sur la côte de la Norvége septentrionale, non loin du cercle polaire, s'élève, au milieu des flots, un rocher de plus de 300 mètres de hauteur, qui ressemble à un cavalier géant : De là son nom de Hestmandon.

Malgré l'étonnante variété d'aspect que présentent les falaises composées de substances diverses, cependant on observe un trait de ressemblance singulière dans la forme des roches que les eaux de la mer viennent heurter. Ce trait de ressemblance consiste dans l'existence d'une ou deux plates-formes, de dimensions variables, situées à la base des escarpements. Sur les rivages de la Méditerranée et des autres mers à faible marée, où le niveau des eaux ne varie guère que sous l'influence des vents et des tempêtes, il n'existe qu'une seule de ces plates-formes, tandis que sur les côtes de l'Océan, là où les marées atteignent une amplitude de plusieurs mètres au moins, deux degrés superposés

Fig. 24. — Falaise méditerranéenne.

s'étendent au-dessous de la muraille des falaises.

A Inishmore, sur la côte occidentale d'Irlande, la falaise offre une succession de marches régulières

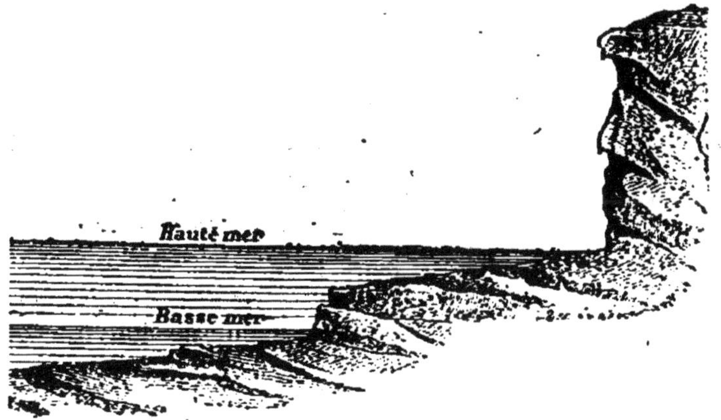

Fig. 25. — Falaise de l'Océan.

comme celles d'un escalier taillé pour des géants. Le degré le plus élevé, tout encombré de blocs, est celui qu'atteignent les vagues de tempête; plus bas se trouvent celui que baignent les marées de vives eaux, puis celui où s'arrêtent les marées ordinaires. Encore plus bas sont les terrasses intermédiaires, et les deux derniers degrés de l'escalier sont ceux où l'eau déferle lors des reflux ordinaires et des basses mers d'équinoxe.

Ce sont les amas écroulés et les cailloux de la grève qui servent eux-mêmes de boulevards de défense pour garantir de nouvelles dégradations la paroi des falaises. Appuyés en talus sur la partie inférieure du rocher ou bien épars dans les flots et transformés en écueils, les blocs abattus brisent la force des lames et retardent le progrès des érosions. Toutefois, le talus de blocs écroulés cesse avec le temps de constituer une défense suffisante, les galets s'usent, se désagrégent, se changent en sable, et l'attaque des vagues recommence. Afin de protéger au moins pour de longues années un des promontoires des environs de Douvres, on a fait sauter près d'un million de mètres cubes de rochers, qui forment maintenant un brise-lames de 7 à 8 hectares de superficie.

Fig. 26. — Falaise d'Inishmore. — a, grève des tempêtes; b, terrasse des hautes marées d'équinoxe; c, terrasse des hautes marées ordinaires; dd, terrasses intermédiaires; e, terrasse des basses mers ordinaires; f, basses mers d'équinoxe.

Des îles entières ont disparu sous l'action des vagues, d'autres ont été considérablement réduites en étendue. Telle est l'île fameuse d'Helgoland, dans la mer du Nord.

Il est certain que vers la fin du XVII° siècle, un isthme unissait encore Helgoland à un autre îlot dont les falaises se dressaient à 60 mètres de hauteur, comme celles de la terre principale : deux ports excellents, qui donnaient à l'île une grande importance stratégique, s'ouvraient au nord et au sud, entre les deux masses rocheuses et leurs prolongements sous-marins. Aujourd'hui, l'îlot oriental a disparu et ses falaises sont remplacées par quelques dunes et des bancs de sable découvrant à marée basse; les ports n'existent plus, et les navires de guerre du plus fort tirant d'eau peuvent voguer librement là où se développait encore l'isthme de jonction, il y a moins d'un siècle et demi. Qui reconnaîtrait aujourd'hui dans ce rocher d'Helgoland, long de 2 kilomètres à peine et large de 600 mètres, la terre dont parlait Adam de Brême en 1072, et qui était alors « très-fertile, riche en céréales, en bestiaux et en volailles, » et qui s'étendait, dit Karl Müller, « sur un espace de 2900 kilomètres carrés ? » Actuellement, quelques rangées de pommes de terre, quelques maigres pâturages sont les seuls restes qui témoignent de l'antique fertilité d'Helgoland.

En face de cette île, les plages du Hanovre, de la Frise et de la Hollande, offrent l'exemple le plus remarquable de cette puissance destructive de la mer. Depuis seize cents ans, c'est-à-dire depuis que l'histoire écrite a commencé pour ces contrées, la vie des habitants riverains n'a été qu'une lutte incessante contre la pression des eaux. Durant cette période, les grandes irruptions de la mer se comptent par centaines, et dans le nombre il en est qui, d'après les chroniques, auraient noyé des populations entières de cinquante et de cent mille âmes. Pendant le cours du IIIe siècle, nous dit la tradition, l'île de Walcheren est séparée du continent; en 860, le Rhin se déplace, inonde les campagnes; le château de Caligula (*Arx Britannica*) resté au milieu des flots. Dans l'année 1170, la mer fait une nouvelle invasion devant les murs d'Utrecht; mais c'est au XIIIe siècle seulement que le lac Flevo se change en un golfe pour former le Zuyderzée ou « mer du Sud » des Frisons; l'isthme qui rattachait la Frise du nord à la Frise du sud est complétement rompu, les îles se noient, les rivages du continent sont rongés, et bientôt les habitants de la Hollande finissent par oublier qu'ils ont été Frisons : néanmoins, le vaste dédale des bancs de sable du Zuyderzée, qu'un long cordon d'îles et de dunes sépare du domaine de l'Océan, reste toujours, au point de vue géographique, une dépendance du continent. Dans les premières années du XIIIe siècle, le golfe de la Iahde s'ouvre aussi aux dépens des terres et ne cesse de s'agrandir pendant deux cents ans. En 1230, a lieu l'effroyable inondation de la Frise qui, dit-on, coûte la vie à cent mille hommes. L'année suivante, les lacs de Harlem commencent à perler sur le sol, puis, grossissant peu à peu, se réunissent les uns aux autres pour s'étaler en une mer intérieure vers le milieu du XVIIe siècle. En 1277, le golfe du Dollart, qui n'a pas moins de 35 kilomètres de long sur 12 kilomètres de large, commence à se creuser aux dépens de campagnes très-fertiles et très-peuplées et transforme la Frise en péninsule : c'est en 1537 seulement qu'on peut arrêter les envahissements de la mer, qui a dévoré la ville de Torum et cinquante villages. Dix ans après la première invasion des eaux dans le Dollart, un débordement du Zuyderzée noie quatre-vingt mille personnes et modifie la configuration du littoral hollandais. En 1421, soixante-douze villages sont submergés en même temps, et la mer, en se retirant, ne laisse à la place des champs et des groupes d'habitations qu'un archipel d'îles marécageuses, d'îlots couverts de roseaux et de bancs de vase : c'est le pays connu sous le nom de *Biesbosch*, (forêt de joncs). Depuis cette époque, plusieurs autres catastrophes, à peine moins terribles, ont eu lieu sur les côtes de la Hollande, de la Frise, du Slesvig, du Jutland.

Du cordon de trente-deux îles qui s'étendaient au devant du rivage, il y a dix-huit siècles, il reste aujourd'hui seize fragments, et plusieurs ne sont autre chose que de simples digues de sable. L'île de Borkum s'est étrangement rapetissée; l'île de Wangerooge, débris de l'antique terre de Wangerland, qui rejoignait le continent et s'étendait au loin sur la mer, était encore en 1840 une île florissante et peuplée, et, pendant l'été, les baigneurs la visitaient en foule. Aujourd'hui c'est une plage de vase presque entièrement abandonnée. L'île de Nordstrand a diminué des onze douzièmes depuis le commencement du xvıı⁰ siècle, et des vingt-quatre îlots qui l'entouraient, il y a trois cents ans, il n'en reste plus que onze : la sonde jetée à l'endroit où se trouvait alors le centre de l'île indique une profondeur de

14 mètres. L'île de Sylt et les autres terres de la côte du Slesvig ont été aussi très-fortement entamées, et l'on sait qu'en 1825, la mer s'est ouvert un chemin à travers toute la péninsule du Jutland en creusant le détroit du Limfjord.

IV

Formation de nouveaux rivages. — Cordons littoraux et flèches de sable. — Bas-fonds du littoral. — Dépôt de roches calcaires. — Assèchement d'anciennes baies.

Mais si la mer démolit d'un côté, de l'autre elle édifie, et la destruction des anciens rivages est compensée par la création de nouveaux bords. De chaque côté des falaises ou des pointes basses rongées par le flot commence le travail de réparation. Chaque lame accomplit une œuvre double, car, en sapant la base du promontoire, elle se charge de débris qu'elle va déposer aussitôt sur la plage voisine; de la même impulsion elle fait reculer la pointe et gagner le rivage de la baie. Ainsi, grâce à deux séries de faits contraires en apparence, le rasement des pointes et le comblement des anses, les côtes, plus ou moins profondément découpées, acquièrent peu à peu leur forme normale, aux courbes gracieusement arrondies. Quel que soit le dessin du littoral primitif, chaque inflexion du nouveau rivage s'arrondit en arc de cercle, de promontoire à promontoire. Dans les endroits où l'ancienne côté était elle-même semi-circulaire, le bourrelet de sable ou de gravier rejeté par la houle s'applique sur la berge; mais lorsque les côtes sont irrégulières et coupées de criques profondes, la mer cesse peu à peu d'y pénétrer, elles les délaisse et se construit au milieu des flots des levées de débris qui finissent par constituer le véritable rivage.

La formation d'un pareil brise-lames s'explique facilement : les vagues du large, poussées contre la rive, frappent les deux caps placés comme des gardiens aux deux extrémités de la baie ; elles y rompent leur force et sont rejetées contre la masse des eaux tranquilles de la baie. Arrêtées ainsi dans leur vitesse, elles laissent tomber les matières ter-reuses qu'elles tenaient en suspension et les débris plus lourds arrachés aux promontoires voisins.

Dans les parages où l'eau n'est pas trop profonde, les traînées de sable et de galets s'enracinent peu à peu aux rochers des caps et forment à l'entrée de la baie de véritables jetées dont les extrémités libres marchent à la rencontre l'une de l'autre. En s'allon-geant sans cesse, ces deux segments finissent par se rejoindre à mi-chemin entre les deux caps, et forment ainsi un grand arc de cercle dont la con-vexité est tournée vers l'ancien rivage. Les plus furieux assauts de la mer ne servent qu'à consolider ces levées ou flèches, en leur apportant d'autres ma-tériaux et en les redressant au-dessus du niveau des marées.

Les flèches offrent dans leur profil une régularité géométrique ; leur forme est, pour ainsi dire, l'ex-pression visible des lois qui président à l'ondulation des vagues. Le plus souvent, la partie du bourrelet qui fait face à la mer se compose de plusieurs talus étagés qui répondent aux différents niveaux de basse mer, de flot et de tempête. A la base de la levée, la pente est très-faible et continue simplement la déclivité du fond de la mer; mais elle se redresse brusquement, sous un angle qui parfois n'est pas moindre de 30 à 35 degrés. Immédiatement au-delà de cette arête commence une contre-pente où la volute supérieure de chaque haute vague s'épanche en une nappe écumeuse. Plus loin se dresse un deuxième talus, que viennent parfois frapper et consolider les vagues des tempêtes; le versant de ce second étage qui regarde vers la terre est très-doucement incliné. De ce côté, les matériaux de la levée, abrités de la force du vent et de la violence des vagues, se tassent graduellement et peuvent même à la longue se couvrir d'une couche de terre végétale. Ce profil des plages est représenté par la figure ci-contre, où les hauteurs ont été fortement exagérées.

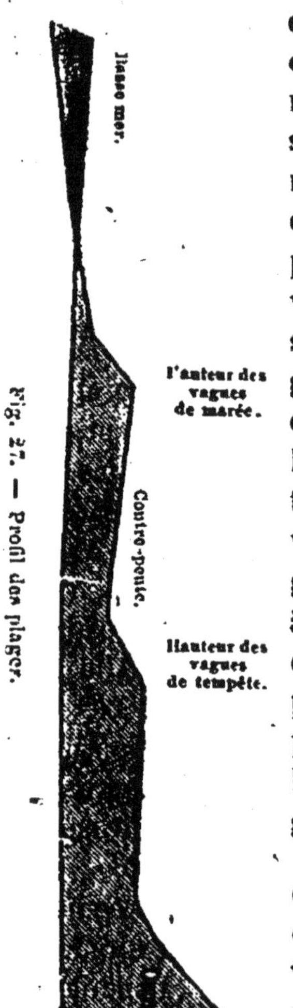

Fig. 27. — Profil des plages.

Dans les pays où l'année se compose d'une période de sécheresse et d'une saison pluvieuse, la plupart des lagunes de la côte sont alternativement séparées de la mer d'une manière complète, puis réunies avec elle par des embouchures temporaires et peu profondes. Quand la masse des eaux pluviales s'est écoulée, les brèches

de la levée rompue sont aussitôt comblées de nouveau par les vagues. De même, sur les bords des
mers à forte marée, nombre de rivières sont alternativement des canaux d'eau presque dormante,
qu'une levée de sable sépare de l'Océan, et de vastes
estuaires où remonte le flux puissant du large.

Si les cours d'eau permanents ou périodiques
s'ouvrent un passage à travers la flèche, en revanche ces mêmes fleuves servent à rapprocher graduellement le rivage continental du rivage maritime
en déposant leurs alluvions dans les lagunes intérieures. Les joncs et les autres plantes qui se plaisent dans les eaux saumâtres contribuent aussi à la
transformation des anciennes baies en marécages et
en terre ferme. Des couches de détritus végétaux,
accumulés dans les anses pendant la succession des
années et des siècles, finissent par les élever au-
dessus du niveau ordinaire des eaux; puis viennent
les grands arbres, qui assainissent le sol et le rattachent définitivement au continent. Dans les régions
tropicales, ce sont les mangliers et les palétuviers
qui se chargent de conquérir les nouvelles plages.
Dressés sur l'échafaudage de leurs hautes racines
aériennes arc-boutées les unes sur les autres, ils
croissent en pleine lagune. Caché par la forêt, le
liquide vaseux est bientôt rempli de débris; les
branches et les troncs renversés des mangliers,
beaucoup plus lourds que l'eau, exhaussent incessamment le fond et finissent par affleurer à la surface. Une nouvelle végétation s'empare aussitôt de
ce rivage encore indécis.

Les mêmes lois hydrologiques auxquelles est due
la formation de flèches entre deux caps sont à l'œu-

vre pour amener le même résultat entre deux îles ou bien encore entre une île et le continent. Sur les côtes d'Europe, un grand nombre de terres marines ont ainsi perdu leur caractère insulaire et sont devenues des péninsules : les détroits ont été graduellement changés en isthmes. La presqu'île de Giens, entre Hyères et Toulon, offre un exemple remarquable de cette transformation (fig. 28). Elle est rattachée au continent par deux plages de sable fin, longues de 5 kilomètres, et se développant chacune en courbes régulières qui tournent leur partie concave vers la mer libre. Entre les deux levées s'étend la vaste lagune des Pesquiers. A la vue de cette nappe d'eau intérieure et de ces plages basses à peine élevées au-dessus du niveau de la Méditerranée, on ne saurait douter que la péninsule montueuse de Giens ne fût autrefois une île comme Porquerolles ou Port-Gros, et que les deux rades aujourd'hui séparées d'Hyères et de Giens, ne se confondissent en un même détroit.

C'est dans les bassins à faibles marées que les cordons littoraux ont pu se former avec le plus de régularité et présentent les dimensions les plus considérables. En France, toutes les plages du golfe du Lion, depuis Argelès-sur-Mer jusqu'aux bouches du Rhône, forment une série de cordons littoraux interrompus seulement par les roches de Leucate, de la Clape, d'Agde et de Cette, et se développant en un vaste demi-cercle de près de 200 kilomètres. Les nombreux étangs qu'elles séparent aujourd'hui de la Méditerranée, et que les alluvions des fleuves, les sables marins, l'envahissante agriculture, ne cessent de transformer graduellement en terre ferme, étaient

jadis autant de baies longeant la base des collines
du Languedoc. Déjà depuis l'époque historique,

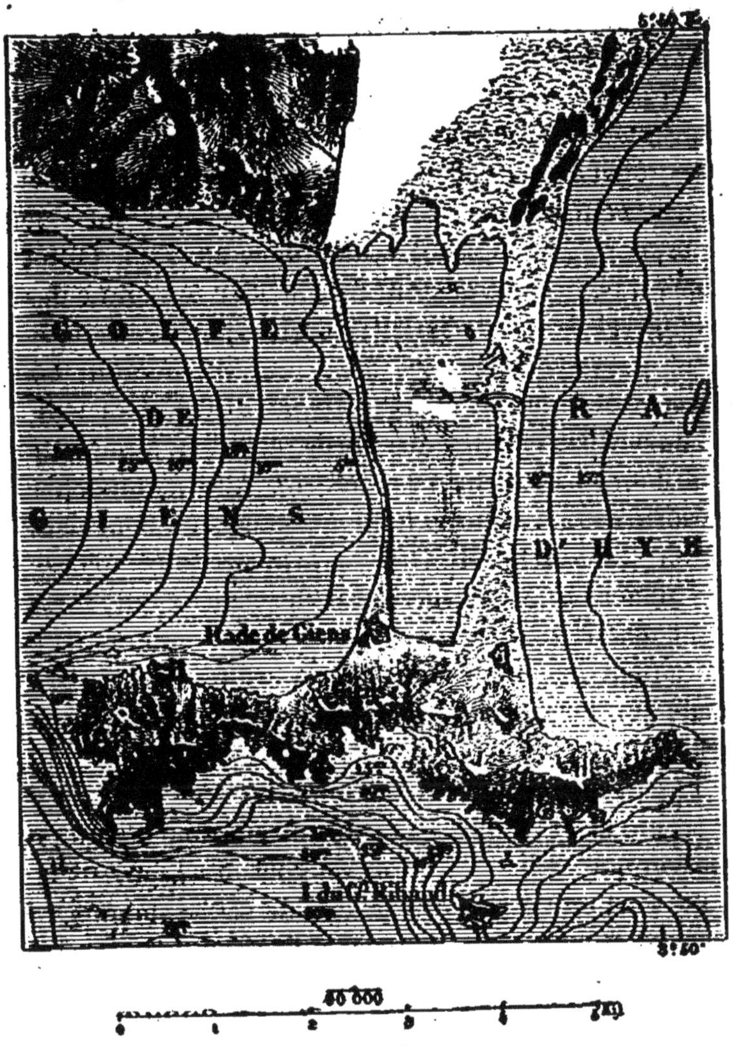

Fig. 28. — Presqu'île de Giens.

ces eaux intérieures ont notablement diminué d'é-
tendue, et de vastes golfes, changés en marécages

au grand détriment de la salubrité publique, ont empesté l'atmosphère de leurs miasmes. Ce qui naguère encore contribuait le plus activement à la diminution de la surface des étangs, ce sont les « graus » ou passages par lesquels l'eau de mer apportait des amas de sable pendant les tempêtes. Ces ouvertures, les unes temporaires, les autres permanentes, mais s'élargissant, se rétrécissant tour à tour, et se déplaçant tantôt dans un sens, tantôt dans un autre, ne cessent de modifier le régime des étangs et des campagnes riveraines; ici, elles laissent passer des masses d'eau qui submergent les rivages et creusent le sol; ailleurs, elles s'obstruent, et devant les villages des bords, étendent à perte de vue leurs bancs de vase infecte. Afin d'empêcher désormais la transformation des étangs en bourbiers et en marécages, M. Régy a proposé de remplacer les anciens graus tortueux par des canaux qui, pendant les beaux temps, laisseraient communiquer librement les eaux lacustres et celles de la mer, mais que fermeraient des écluses durant les tempêtes.

Les *nehrungen* de la Baltique, les *lidi* de Commacchio et de Venise, sont des plages de même formation que celles des bords du golfe du Lion; mais nulle part on ne voit ces levées de sable plus nombreuses et mieux développées qu'autour du golfe du Mexique et sur les côtes orientales des États-Unis. On peut dire que, sur une longueur d'environ 4,000 kilomètres, le pourtour du continent américain est formé d'un double rivage, l'un baigné par la mer, l'autre par les lagunes intérieures. Devant l'ancienne côte aux indentations irrégulières, la nouvelle plage décrit ses courbes gracieuses de promontoire à promontoire, et, ne se laissant pas même arrêter par les embouchures des fleuves, se continue sous les passes par des barres dangereuses.

A la formation des cordons littoraux se rattache celle des bas-fonds et des bancs de sable qui se développent parallèlement au rivage, sous l'influence combinée des courants du littoral et des vents du large. En voyant les cartes marines qui indiquent la forme des remparts cachés sous les flots, on ne peut manquer de constater que ces levées invisibles de sable et de vase tendent à s'allonger en ligne droite ou suivant des courbes gracieuses, non moins régulières que celles des cordons littoraux. Dans tous les golfes, dans tous les détroits, sur les côtes de la Californie, des Carolines, du Brésil, dans la Manche et dans la mer du Nord, il existe, le long des côtes, une multitude de ces bancs dont la disposition indique exactement la marche des courants contraires ou parallèles qui les ont formés en se rencontrant.

Dans les golfes largement ouverts et le long des côtes rectilignes, la mer procède à la construction de nouveaux rivages par voie d'envasement. Les débris d'algues et d'animalcules, mélangés au sable et à l'argile, sont déposés par couches profondes sur le bord, et font avancer peu à peu le profil des rivages. C'est par centaines de millions et par milliards de mètres cubes que la boue s'est accumulée depuis l'ère historique dans l'ancien golfe du Poitou, dans le golfe de Carentan, dans les baies du Marquenterre et des Flandres, dans certains estuaires des Pays-Bas et de la Frise. Les vases qui émergent à basse mer se tassent et se consolident peu à peu;

une espèce de conferve en recouvre la surface d'un léger tapis nuancé de rose ; puis viennent les salicornes herbacées et d'autres plantes marines, les *carex*, les *plantago*, les joncs, le trèfle rampant. Alors il est temps de conquérir pour l'agriculture la prairie limoneuse, et de la rattacher au continent en la défendant par de fortes digues contre les assauts des flots.

Dans les mers dont les eaux ont une température moyenne élevée, les vagues ne se bornent pas à construire des cordons littoraux et à combler les baies, elles bâtissent aussi de véritables remparts de pierre. Par suite de la rapide évaporation que produisent les rayons du soleil, les molécules calcaires contenues dans l'eau et dans l'embrun des vagues se déposent graduellement sur les plages et sur la base des promontoires ; mélangées avec du sable et des débris de coquillages, elles finissent par former de solides rivages aux contours réguliers. Il faut parcourir les rivages de la mer des Antilles ou d'autres mers tropicales pour observer ce travail de la formation des pierres dans toute son activité. Là, les flots, échauffés jusqu'à 32 degrés par les rayons d'un soleil vertical, laissent déposer le calcaire en quantités suffisantes pour que l'étendue des rivages en soit notablement augmentée.

Le tuf de la Guadeloupe, dans lequel on a trouvé le fameux squelette de Caraïbe exposé au Musée Britannique, appartient à cette formation récente. Il s'accroît, pour ainsi dire, sous les yeux mêmes de l'observateur, et recouvre peu à peu d'une croûte rocheuse tous les objets que rejette la mer et qu'apportent les ruisseaux. Chaque année, une nouvelle

couche de pierre s'ajoute aux anciennes, et dans les
siècles futurs, on pourra peut-être évaluer l'âge de la
formation par le nombre de ses lits superposés, de
même que l'on reconnaît l'âge d'un arbre par la
quantité de ses couches corticales. En plusieurs endroits de la Côte-Ferme, on exploite activement ces
carrières de pierre marine pour la contruction des
villes du littoral, et toutes les excavations qu'on pratique dans ces bancs de calcaire sont bientôt comblées par de nouveaux matériaux. La carrière se
refait sous les travailleurs occupés à en détacher les
blocs : de là le nom de *Maçonne-bon-dieu* que les
nègres ont donné à ces roches qui semblent renaître
d'elles-mêmes.

Ainsi que la formation graduelle des dunes et
le soulèvement des roches du littoral, la construction de nouveaux rivages, due soit à la mer elle-
même, soit à des coraux, peut avoir pour résultat
de modifier complètement la forme de la côte, en
séparant du reste de la mer de larges baies que la
rapide évaporation de l'eau change ensuite en terre
ferme. C'est ainsi que sur la côte orientale d'Afrique,
le petit lac de Bahr-el-Assal, à l'extrémité du golfe
de Tedjura, s'est trouvé séparé de la mer par une
mince levée de sable, et s'est desséché sous les
rayons du soleil; les pluies étant extrêmement rares
dans ce pays, et le bassin ne recevant aucun affluent,
ses eaux n'ont pas été remplacées, et maintenant il
n'est plus qu'une cavité marécageuse, dont le niveau
est situé à 173 mètres au-dessous de la mer Rouge.
En relevant les côtes d'Abyssinie, pendant la dernière guerre, les ingénieurs anglais ont découvert
un autre bassin, qui se trouve à 58 mètres en contre-

bas de la mer, et dont les couches de sel entourent le volcan d'Arcali. Aristote et, de nos jours, Caillaud avaient dit aussi de quelques oasis. notamment de celle de Siouah ou de Jupiter-Ammon, qu'elles se trouvent au-dessous du niveau de la Méditerranée, et le voyageur Gerhard Rohlfs a désormais mis hors de doute qu'une dépression, commençant à la grande Syrte et passant au sud de la Cyrénaïque ou plateau de Barca, va rejoindre en Égypte l'oasis de Jupiter-Ammon, située à 50 mètres en contre-bas du port d'Alexandrie : les plateaux situés entre le Delta du Nil et les Syrtes se trouvent ainsi changés en une immense presqu'île. A l'ouest du golfe de Gabès, la Tunisie forme le pendant géologique du plateau de Barca, puisqu'elle est également limitée au sud par des *sebkhas* et des *chotts*, qui jadis étaient des bras de mer, et que le soleil et les vents ont presque entièrement desséchés ; ils se trouvent, en certains endroits, à 20 et même à 85 mètres au-dessous du niveau marin. De même, sur les côtes de Californie, une partie du désert du Colorado est un ancien fond de mer où le percement de la côte ferait soudain rentrer les flots du Pacifique. Enfin, les bassins de la mer Caspienne et de la mer Morte présentent, en d'énormes proportions, les mêmes faits géologiques. L'isthme de Suez offrait naguère un phénomène semblable à celui de la levée de Tedjura. Là aussi, des nappes lacustres qui faisaient autrefois partie de la mer avaient été enfermées dans les terres par des cordons littoraux et s'étaient presque entièrement évaporées. Seulement, de nos jours, le grand canal interocéanique fait couler de nouveau les eaux marines à travers ces lacs naguère dessé-

chés. Les anciennes levées des bords de la Méditerranée et de la mer Rouge, que les forces à l'œuvre
dans l'intérieur de la planète avaient graduellement
redressées à la hauteur de plusieurs mètres, ont été
percées par les ingénieurs, et maintenant un détroit
artificiel, bien plus important pour les progrès hu-
mains que ne le fut autrefois le grand bras de mer,
joint la Méditerranée et le golfe Arabique.

VI

**Les dunes. — Leur formation, leur hauteur, leurs déplace-
ments. — Fixation des sables.**

Des monticules de sable mobile peuvent se former
dans l'intérieur des continents partout où des roches
de grès sont désagrégées par les eaux fluviales ou
les météores, mais nulle part les conditions favorables à la formation de ces amas sableux ne se
trouvent réunies comme aux bords de la mer. Sur
toutes les côtes océaniques dont le sable est assez
meuble pour se laisser soulever par le vent, la formation des dunes s'accomplit avec une parfaite régularité.

Ces monticules se dressant, pour ainsi dire, sous
les yeux mêmes de l'observateur, il n'est pas difficile
d'en suivre les progrès. Les vagues remuent constamment le fond mobile du bord, se chargent des
matières arénacées et les étalent en minces nappes
sur l'estran; puis à marée basse, les molécules de
sable s'allégent peu à peu de leur humidité, cessent
d'adhérer les unes aux autres et se laissent emporter
vers la terre par le vent du large : ce sont là les
matériaux des dunes. Des cailloux, des épaves, des

branches et des troncs d'arbres couverts de coquillages, des plantes, et des arbustes aux racines te-
naces suffisent pour déterminer la naissance des
dunes en obligeant la brise à laisser tomber le petit
nuage de poussière arénacée ou calcaire dont elle
est chargée. L'horizontalité de la plage est ainsi
rompue : les rangées de buttes sablonneuses, qui
plus tard doivent se dresser en véritables collines,
commencent à se profiler sur le sol, à une petite
distance des limites de la mer basse.

Quand le vent du large souffle avec assez de force,
on peut non-seulement assister à la croissance des
dunes, mais on peut également aider à leur formation et vérifier par l'expérience directe les assertions
de la théorie. Qu'on dépose un objet quelconque sur
le sol, ou mieux encore, qu'on enfonce dans le sable
une rangée de piquets perpendiculairement à la direction du vent, aussitôt le courant d'air, qui vient
se heurter contre l'obstacle, se rejette en arrière
pour former un remous ou tourbillon, dont le diamètre est toujours proportionnel à la hauteur des
piquets (fig. 29). Arrêtés par ce remous, les grains

Fig. 29.

de sable qu'apporte le vent se déposent graduellement en deçà de la barrière, jusqu'à ce que la cime
de la dune en miniature soit au niveau de la ligne
idéale qui mène du rivage à l'arête supérieure de
l'obstacle. Alors le sable, que pousse le souffle de la

mer et qui remonte le plan incliné offert par la face
antérieure du monticule, ne se laisse plus entraîner
dans le remous et ramener en arrière : il franchit le
petit ravin que la giration de l'air a ménagé en avant
de la palissade, et vient tomber au delà, pour s'accumuler peu à peu sur la face postérieure de l'obstacle
en prenant la forme d'un talus d'éboulement. Le
talus grandit et finit par dépasser l'arête de l'obstacle.
Les molécules sableuses retombent en arrière et
comblent peu à peu l'espèce de fosse située devant
la face antérieure de l'objet. Désormais les diverses

Fig. 30.

couches de sable qu'apporte successivement le vent
du large continuent librement leur course jusqu'au
sommet de la dune et s'étalent en larges nappes sur
le talus d'éboulement tourné vers l'intérieur des
terres.

Dans les landes de la Gironde, la pente occidentale des dunes dont la base n'est pas rongée par la
mer est en moyenne de 7 à 12 degrés. La pente
orientale, qui est celle du talus d'éboulement, est de
29 à 32 degrés, c'est-à-dire trois fois plus forte. Elle
serait de 45 degrés si les pluies ne ravinaient les
talus et n'en prolongeaient l'inclinaison.

Ainsi gagnent incessamment les dunes; mais l'action du vent dominant ne se borne pas à les agrandir; elle finit aussi par les déplacer en entier et les

faire cheminer sur le sol. L'objet à la base duquel le remous de l'air avait accumulé les premiers grains de sable se décompose à la longue; et quand il a disparu, le sable qu'il arrêtait redevient mobile. Le vent peut emporter maintenant toute la partie antérieure du monticule; il allonge le talus d'éboulement aux dépens de la face maritime, et la base de la colline, rongée par le vent, s'éloigne toujours plus du rivage. La dune est en marche, elle s'avance à la conquête du continent.

Si le plan incliné que la dune tourne du côté de la mer restait parfaitement uni, la zone du rivage, n'offrirait, dans toute sa largeur, qu'un seul rempart de sable empiétant graduellement sur l'intérieur des terres; mais à la longue, la pente de chaque dune ne peut manquer d'offrir quelques inégalités causées par des corps étrangers ou par des plantes qui prennent leur naissance dans le sable. Toutes les saillies assez fortes pour résister au vent servent de points d'appui à de nouvelles dunes entées, pour ainsi dire, sur le flanc de l'ancienne. Ces nouvelles dunes elles-mêmes se hérissent d'aspérités que recouvrent bientôt d'autres monticules de sable, et c'est ainsi que se dressent peu à peu toutes ces rangées de collines mouvantes, que séparent d'étroites et longues vallées appelées *lettes* ou *lèdes* par les paysans des landes françaises.

Toute dune isolée affecte des contours nettement définis rappelant ceux du croissant. Il est facile de comprendre pourquoi la colline doit avancer de manière à projeter ainsi une pointe recourbée de chaque côté de sa masse principale. Les grains de sable auxquels le vent fait remonter, dans toute sa hauteur,

la partie centrale de la dune, ont à décrire un chemin plus considérable et à glisser plus longtemps à
contre-pente que les molécules des deux extrémités
latérales. Ils marchent en conséquence avec moins
de vitesse; les pointes extrêmes, dépassant en rapidité le reste de la dune, se reploient en guise de
cornes avancées et donnent à l'ensemble de la colline mouvante l'aspect d'un volcan dont le cratère
se serait effondré. On reconnaît aussi la même
forme, mais beaucoup moins nette, dans les rangées
de dunes, où plusieurs monticules se confondent
souvent en une seule colline mouvante.

En Europe, les plus hauts monticules de sable se
trouvent sur le littoral des Pays-Bas, sur les côtes
atlantiques de la France, et en Écosse, sur les bords
du Firth of Tay. Quant aux dunes de la Méditerranée, elles sont en général beaucoup moins hautes
que celles du littoral de l'Océan. Les golfes du sud
de l'Europe n'ayant qu'une marée à peine sensible,
les sables du bord ne sont point incessamment déplacés comme ceux des plages de l'Océan, et par
suite, ils offrent moins de prise aux vents qui poussent devant eux les molécules arénacées les plus
ténues.

Sur le littoral des landes de Gascogne, un très-
grand nombre de dunes dépassent une élévation de
75 mètres; il en existe même une, celle de Las-
cours, dont le dôme culminant atteint la hauteur de
89 mètres.

En Afrique, sur les plages basses où l'Océan vient
baigner le grand désert de Sahara, l'énorme quantité
des matières arénacées que les vents d'est amènent
du désert et que le vent d'ouest repousse vers l'in-

térieur permettent, dit-on, aux dunes du cap Bojador et du cap Vert de s'élever à 120 et même à 180 mètres ; de l'autre côté du continent africain, les dunes du pays des Somali, entre l'équateur et le deuxième degré de latitude nord, se dresseraient à 160 mètres de hauteur.

En gagnant incessamment sur les plaines de l'intérieur, la dune engloutit, sans les détruire, tous les objets solides, pierres, rochers, troncs d'arbres ou demeures humaines ; parfois même elle recouvre des mares d'eau tout entières et les fait disparaître, pendant quelque temps sous la base inclinée de ses talus. Quant aux masses d'eau plus considérables situées à la base des dunes, elles sont continuellement repoussées vers l'intérieur. Les rivières, arrêtées dans leur cours et changées en marais, sont également forcées au recul et mêlent leurs eaux à celles des étangs. Cette formation de lacs et de marécages, parallèle à celle des sables, est l'un des traits les plus remarquables du littoral des landes françaises. Sur un espace de 200 kilomètres, se prolonge une rangée d'étangs, différents de forme et de grandeur, mais tous situés à une distance à peu près égale de la mer. Une vaste baie, le bassin d'Arcachon, a pu maintenir une large communication avec l'Océan, grâce peut-être à la rivière qu'elle reçoit de l'intérieur ; mais toutes les autres nappes d'eau, au nord les étangs d'Hourtin et de Lacanau, au sud, ceux de Cazau, de Parentis, d'Aureilhan, de Saint-Julien, de Léon, de Soustons, ne communiquent avec la mer que par des *courants* au lit tortueux et rapide.

Il est facile de s'expliquer la transformation graduelle de ces anciennes baies marines en lacs à niveau plus élevé. D'abord séparées de l'Océan par un mince cordon de sable, comme il s'en forme souvent sur les plages basses, ces baies changées en étangs ont été peu à peu repoussées vers l'intérieur des terres par les sillons parallèles des dunes. Sous l'énorme pression des sables, elles ont gravi, pour ainsi dire, la pente du continent (fig. 31). En même

Fig. 31. — Formation des étangs.

temps, les pluies et les ruisseaux, arrêtés dans leur cours, apportaient incessamment leur tribut d'eau douce aux nouveaux lacs, tandis que l'eau salée s'enfuyait à mesure par les déversoirs naturels ménagés entre les monticules. Ainsi les grains de sable que le vent pousse devant lui ont suffi, pendant le cours des siècles, à changer des golfes d'eau salée en étangs d'eau douce et à les porter dans l'intérieur du continent, à une hauteur considérable au-dessus de la mer.

Nombreux sont les désastres occasionnés par l'envahissement des dunes ou des étangs en diverses contrées et principalement en Gascogne. L'illustre Brémontier a recueilli pendant huit années une série d'observations qui lui ont donné une moyenne de 20 à 25 mètres pour le progrès annuel des dunes de la Teste. En admettant cette moyenne comme normale, on arriverait à la conclusion que, dans un laps de temps de vingt siècles, les dunes auraient pu envahir toute la zone des landes et recouvrir la ville de Bordeaux : il eût même suffi de mille ans pour transformer en marécages les belles campagnes du Bordelais, car les étangs, repoussés constamment par les dunes envahissantes, se seraient épanchés du côté de l'est, aussitôt après avoir dépassé la ligne culminante du plateau des Landes.

Mais il est très-probable que, laissée à elle-même, la nature eût prévenu tous ces désastres en fixant graduellement les dunes. En certains endroits, elle exerce une action physique et chimique, en se servant de l'oxyde de fer contenu dans l'eau des sources pour consolider les sables et les transformer graduellement en de véritables rochers. Ailleurs, des ciments organiques, composés de coquillages brisés et de restes d'infusoires, agglutinent les molécules arénacées et leur donnent la stabilité nécessaire pour résister au souffle du vent. Enfin sur presque tous les rivages, les débris du sol renferment assez de principes fertilisants pour nourrir un certain nombre de plantes vivaces, qui, par leurs racines rampantes, travaillent à fixer les sables. À la longue, cette modeste végétation herbacée pourrait, après un certain laps de siècles, former une couche végétale où croîtraient spontanément les grands arbres; mais il faut pour cela que les troupeaux ne viennent pas brouter les herbes naissantes, arracher les racines et rendre au sable sa mobilité en le piétinant. Tous les témoignages historiques s'accordent à dire qu'autrefois les dunes étaient couvertes de forêts vierges. L'homme n'avait point planté ces forêts, il les arracha, et c'est depuis lors que les dunes ont commencé de marcher et d'envahir. Tout défrichement était la ruine d'un ou de plusieurs villages.

Pour conjurer ces maux, il a fallu recourir au moyen indiqué par la nature, c'est-à-dire replanter les dunes. Déjà, vers la fin du XIIIe siècle, ou le commencement du XIVe, le roi portugais Dinis, dit « le Laboureur, » avait arrêté par des plantations de pins les dunes mobiles qui s'avançaient à la conquête de la vallée du Liz. Quelques siècles plus tard, les Hollandais fixèrent les sables de leurs rivages par des forêts d'érables et de sapins. En France, de Ruhat, au commencement du XVIIIe siècle, puis les frères Desbiey, l'ingénieur Villers, et enfin le célèbre Brémontier, ont travaillé à la même œuvre, actuellement menée à bonne fin. La science a réparé les désordres causés par l'imprévoyance humaine.

CHAPITRE III

L'ATMOSPHÈRE, LES PLUIES ET LES ORAGES

I

L'enveloppe aérienne de la terre. — Poids et hauteur de l'atmosphère. — Variations diurnes, annuelles et irrégulières de la colone baromérique.

Tout sur notre globe serait la mort et le silence éternels sans l'atmosphère, enveloppe extérieure de la planète. Cette masse gazeuse, transparente, invisible parfois, et qui semble à peine faire partie de la terre, en est cependant le principal élément. Nous reposons sur le sol, mais c'est de l'air et dans l'air que nous vivons, hommes, animaux et plantes. Sans voler comme les oiseaux, tous les êtres qui marchent, rampent, ou fixent leurs racines dans la terre végétale n'en sont pas moins des fils de l'atmosphère.

Considérée comme un astre du ciel, la planète se compose d'un noyau entouré de deux couches fluides. Le noyau est ce qui porte plus spécialement le nom de terre, ce sont les assises rocheuses enfermant des laves, des métaux fondus et toute la masse de matières inconnues, solides ou non, qui occupe le centre. La nappe des mers et le réseau des fleuves recouvre cette ossature du globe, puis au-dessus de l'enveloppe aqueuse, s'étend une deuxième couche sphérique plus fluide encore, vaste appareil dont les courants et les contre-courants circulent incessamment du pôle à l'équateur et de l'équateur au pôle. Dans cet océan supérieur des airs se retrouvent les quatre éléments principaux de tout organisme végétal ou animal : oxygène, azote, hydrogène et carbone : les deux premiers comme éléments constituants de l'air, le troisième, mélangé avec l'oxygène en vapeur d'eau, et le quatrième enfin sous forme d'acide carbonique. Entre les produits de la nature et les flots mobiles de l'espace s'opère un échange incessant. L'atmosphère remplit aussi le rôle d'intermédiaire entre le ciel et notre globe pour lui transmettre la chaleur et la lumière avec ses jeux changeants. Les ouvrages spéciaux de météorologie décrivent longuement tous ces brillants phénomènes de l'air, aurores, crépuscules, arcs-en-ciel, halos, parhélies et mirages.

On ne saurait dire encore d'une manière positive à quelle distance l'air s'élève dans les espaces. Si les couches aériennes avaient la même densité dans les hauteurs qu'à la surface de la mer, leur épaisseur totale ne dépasserait pas 7,953 mètres, et par conséquent, les plus grandes montagnes de la terre, le Gaourisankar, le Kinchinjinga, le Dapsang darderaient leurs cimes dans le vide, par delà l'océan atmosphérique. Mais au-dessus des couches inférieures, comprimées par le poids de toute la masse aérienne surincombante, les molécules s'écartent à mesure que la pression diminue, l'air devient de plus en plus rare dans les hauteurs et doit finir même par se perdre complétement, comme le fluide si peu dense qui compose la chevelure des comètes. D'après les calculs de Laplace, c'est à plus de 42,000 kilomètres au-déssus de la surface de la terre que, par suite de l'accroissement de la force centrifuge et de la diminution de la pesanteur, les molécules aériennes devraient forcément s'échapper de l'orbite terrestre. Quoi qu'il en soit, c'est à une hauteur bien minime en comparaison que finit pour l'homme l'atmosphère respirable. Au sommet de l'Etna, c est-à-dire à 3,320 mètres d'élévation, on a sous les pieds près du tiers de la masse aérienne; à 6.000 mètres, la colonne d'air qui pèse sur le sol a déjà perdu la moitié de son poids. A 32 kilomètres de hauteur, d'après Glaisher, la pression barométrique n'est plus qu'un trentième de ce qu'elle est au niveau des mers : c'est-à-dire, le poids de la colonne d'air, qui à la surface de l'Océan équivaut à celui d'une colonne d'eau de 10 mètres ou à 76 centimètres de mercure, serait représenté dans ces hauteurs par 33 centimètres d'eau ou 25 millimètres de mercure.

Jusqu'à quelle hauteur l'air est-il encore assez dense pour que l'homme puisse y trouver l'oxygène nécessaire à ses poumons et y vivre, du moins pendant quelques instants? Les aéronautes, essayant de résoudre cette question, se sont élevés jusqu'à 7000 et à 8000 mètres. Glaisher et Coxwell ont même atteint, le 5 septembre 1862, dans leur ascension de Wolverhampton, l'énorme hauteur de 11000 mètres, bien supérieure à celle des plus grandes montagnes connues. En cette région de l'air, ils avaient sous les pieds près des quatre cinquièmes en poids des couches atmosphériques.

L'atmosphère est d'une telle mobilité que son poids, mesuré d'une manière rigoureuse par la colonne de mercure du baromètre, se modifie incessamment sur tous les points de la terre. Les divers changements météoriques, du froid au chaud, de la sécheresse à l'humidité, augmentent ou diminuent la pression de l'air, et par suite une oscillation correspondante se produit dans le tube de l'instrument.

La pression de l'atmosphère varie sur toutes les parties de la terre, et pour le globe entier on ne saurait encore la préciser avec rigueur. Vers l'équateur, la pression ordinaire est de 758 millimètres seulement; mais à partir du 10e degré de latitude dans les deux hémisphères, la pression s'accroît peu à peu, et vers le 30e ou 35e degré, elle atteint son maximum, 762 ou 764 millimètres. Au delà, dans la direction des pôles, la pression diminue; vers le 50e degré, elle est de 760, et plus au nord de 755 et même de 752 millimètres seulement; mais à partir du 65e degré, elle se relève graduellement. Les recherches de James Ross et de Wilkes dans les mers australes établissent qu'en moyenne le baromètre est légèrement plus haut dans l'hémisphère du nord que dans celui du sud. Il faut nécessairement en conclure qu'une plus forte quantité d'air s'est accumulée sur la moitié de la terre où sont groupés les continents. Ainsi que le remarque John Herschel, le courant d'une rivière est toujours ridé audessus d'un lit inégal et pierreux; de même l'atmosphère doit se gonfler en vagues au-dessus des masses continentales. C'est là ce qui explique cet étonnant contraste des airs entre les deux moitiés du monde.

Si la pression normale des couches atmosphériques diffère, au niveau de l'Océan, sous les diverses latitudes, elle varie aussi sur chaque point de la terre, suivant les heures et les saisons ; elle obéit au rhythme du temps comme à celui des espaces. Chaque jour, la masse aérienne oscille deux fois en sens inverse. Le matin, vers 4 heures, la colonne barométrique présente un premier minimum de hauteur ; mais elle se relève graduellement et, vers 10 heures du matin, elle atteint son élévation la plus considérable ; ensuite, la pression de l'air diminue jusque vers 4 heures du soir, moment auquel le baromètre est au plus bas ; puis, la colonne de mercure recommence à monter jusqu'à 10 heures de la nuit, pour redescendre encore pendant six heures. Les périodes du jour où s'opère le changement d'allures sont connues sous le nom d'heures « tropiques. » Ces mouvements diurnes du baromètre sont beaucoup plus réguliers et plus faciles à constater dans les régions équatoriales et près du niveau de la mer que sous les hautes latitudes et dans l'intérieur des continents. C'est qu'en effet sur les mers des tropiques, les alternatives de la température, de l'évaporation et de la précipitation, desquelles dépendent ces oscillations de l'air, se succèdent, comme tous les autres phénomènes physiques, avec une régularité plus grande que sur toutes les autres parties du globe.

Les variations annuelles de la pression de l'air offrent des alternatives analogues à celles des variations diurnes. Dans les contrées tropicales, où les saisons se suivent avec une grande régularité, et dans les pays de l'intérieur des continents, dont l'air ne contient qu'une faible quantité de vapeur d'eau, le mercure du baromètre s'abaisse graduellement de l'hiver à l'été, à mesure que l'air se réchauffe et devient plus léger, et remonte avec les froids, de l'été à l'hiver, quand l'air condensé se fait plus lourd.

Quant aux variations irrégulières, elles s'accomplissent aussi dans les diverses région du globe suivant un certain rhythme, qu'il faudra nécessairement connaître dans toutes ses modulations avant de pouvoir résoudre d'une manière définitive le grand problème de la prévision du temps. A l'équateur, elles sont presque nulles ; mais à mesure que l'on se rapproche de l'un ou de l'autre pôle, les irrégularités deviennent plus marquées, et les sauts produits dans la colonne de mercure par les brusques changements de température, par les alternatives des vents et des orages, se succèdent plus fréquemment. En réunissant les uns aux autres tous les points où se produit la même variation mensuelle dans la pression de l'air, on obtient une série de lignes dites *isobarométriques*, dont l'étude est de la plus haute importance pour les météorologistes, lorsqu'ils veulent se rendre compte de la marche des tempêtes et des orages.

II

Lois générales de la circulation des vents. — Alizés du nord-
est et du sud-est. — Calmes équatoriaux. — Contre-alizés
ou vents de retour. — Les moussons. — Les brises journalières des rivages et des montagnes. — Vents locaux.
— Vents variables. — Loi de giration. — Action géologique des vents.

Pour comprendre les lois de l'atmosphère dans
leur simplicité, il faut se transporter aux régions
équatoriales de l'Océan, au-dessus desquelles le soleil décrit chaque jour son immense demi-cercle
dans l'espace de douze heures, et où tous les mouvements de la nature, réglés par la marche uniforme
de l'astre, ont quelque chose de rhythmique comme
les cycles des cieux.

La force des rayons du soleil se faisant principalement sentir dans ces contrées de la terre, les couches aériennes s'y dilatent par l'influence de la
chaleur beaucoup plus que sous les autres latitudes; elles deviennent plus légères, ainsi que le dé-
montre la faible pression de l'air sur la colonne barométrique, et s'élèvent rapidement dans l'espace.
Il se forme donc un vide que les masses d'air adjacentes se hâtent de remplir, et deux courants
horizontaux viennent alimenter le grand courant
vertical qui monte des régions équatoriales vers les
hauteurs de l'espace; mais ces courants horizontaux eux-mêmes laissent derrière eux des vides
vers lesquels de nouvelles masses aériennes se précipitent; les ondes atmosphériques s'ébranlent de
proche en proche dans toutes les zones jusqu'aux
glaces polaires, et des deux bouts de la planète, se

mettent en marche vers l'équateur, où les attire comme un foyer d'appel le mouvement ascendant de l'air suréchauffé. Deux vents, l'un du nord, l'autre du sud, prennent chacun leur origine au milieu des glaces opposées des deux pôles pour aller se rencontrer sur la rondeur équatoriale.

Si la terre n'était pas emportée par un mouvement de rotation autour de son axe, les courants atmosphériques afflueraient directement vers l'équateur, sans s'écarter à droite ou à gauche des lignes de méridien; le courant boréal coulerait en ligne droite vers le sud, le courant austral se dirigerait exactement vers le nord, et tous deux se rencontreraient de front dans les régions équatoriales. Mais il n'en est pas ainsi, à cause de la rotation du globe d'occident en orient. La masse d'air qui afflue des pôles vers la zone tropicale traverse ainsi successivement des latitudes dont la vitesse angulaire autour de l'axe du globe est plus forte que la sienne, et par conséquent, elle doit successivement dévier vers l'ouest, en sens opposé du mouvement général de la terre; les fleuves de l'air reproduisent, mais dans de plus vastes proportions, à cause de leur plus grand domaine, les immenses courbes des fleuves de l'Océan [1]. Les deux fluides en mouvement, vents et courants maritimes, se superposent dans leur marche autour de la planète.

Dans la zone tropicale, les courants atmosphériques polaires, venant du nord-est et du sud-est à l'encontre l'un de l'autre, ont une grande régularité de marche; ce sont les vents dits alizés, d'un vieux

(1) Voir ci-dessus, chapitre V, pages 35-53.

terme français qui indique l'égalité et la continuité du mouvement.

En se heurtant l'un contre l'autre, les deux vents opposés se tiennent réciproquement en échec, et par conséquent, leur force de translation horizontale vers le sud ou vers le nord se neutralise. Il se forme ainsi tout autour de la terre une zone circulaire de calmes, de vents variables et de brusques remous aériens qui, suivant les saisons, occupent, au-dessus de la mer une largeur de 250 à plus de 1,000 kilomètres. Cette zone intermédiaire doit nécessairement se déplacer suivant les saisons, avec la position du soleil, puisqu'elle occupe les régions de la terre dont les couches aériennes sont le plus échauffées. Elle oscille alternativement vers le nord et vers le sud avec la marche du soleil entre les tropiques; pendant l'été de l'Europe, elle se rapproche de ce continent ; pendant l'hiver, elle s'en éloigne, mais néanmoins sans franchir l'équateur pour entrer dans l'hémisphère austral. Ce phénomène provient de ce que la plupart des terres continentales, groupées dans l'hémisphère du nord, concentrent la chaleur. C'est là notamment que se trouve le Sahara, le véritable sud géographique de la terre, cette immense étendue où les terrains boisés sont relativement si peu nombreux, et où la réverbération des sables et des rochers brûlants vaporise les nuages.

Les masses aériennes amenées par les deux vents alizés ne peuvent point s'accumuler incessamment dans la région des calmes équatoriaux ; elles se dilatent, s'élèvent à plusieurs kilomètres de hauteur, puis, après s'être mélangées, et même partiellement croisées, elles se divisent de nouveau en deux grands courants de retour, qui s'écoulent en sens inverse dans les régions supérieures de l'atmosphère. Il faut nécesairement que la masse d'air apportée vers l'é-quateur par les alizés soit ramenée par un autre vent vers les pôles. Ce contre-courant des vents alizés ne peut guère commencer qu'à une hauteur de 7 à 8 kilomètres au-dessus du niveau de la mer, car les plus hauts sommets des Cordillières restent en entier

Fig. 32. — Nuages de cendre du morne Garou.

baignés dans le courant inférieur, et les vapeurs qui s'élèvent de la cheminée du Cotopaxi, pour monter dans l'espace jusqu'à plus de 2,000 mètres au-dessus du cratère, lui-même haut de 5,398 mètres, ne cessent de se diriger vers l'ouest. Mais déjà au-dessus de la mer des Antilles, le courant supérieur s'est abaissé. Lors des éruptions du Coseguina, dans l'Amérique centrale, et du Morne Garou, dans l'île de Saint-Vincent, on a constaté que les cendres étaient

portées au loin, d'un côté par le vent alizé, et de
l'autre côté par le vent supérieur, qui souffle en
sens inverse (fig. 32).

Les voyageurs qui gravissent le pic de Teyde, dans
l'île de Ténériffe, ou le volcan de Mauna Loa, dans
l'île d'Havaii, traversent la zone entière des alizés,
ainsi qu'une zone intermédiaire de calmes et pénètrent dans le contre-courant. De même, dans l'hémisphère du sud, le sommet du pic de Diane, le
plus élevé de Sainte-Hélène, dépasse la couche
des vents inférieurs.

La direction du contre-courant supérieur est,
ainsi que celle des vents alizés, déterminée par le
mouvement de rotation de la terre. A son retour
de l'équateur, chaque molécule d'air en marche se
détourne vers l'orient au lieu de dévier à l'occident,
comme dans son voyage de la zone polaire à la zone
torride. En dehors des régions équatoriales, elle
parcourt successivement des contrées dont la vitesse
autour de l'axe terrestre est moindre que la sienne
propre ; à mesure qu'elle s'éloigne de la zone des
calmes elle se trouve donc en avance sur tous les
points sous-jacents de la planète et se change en vent
de sud-ouest dans l'hémisphère boréal, en vent du
nord-ouest dans l'hémisphère austral.

Il est rare que le contre-courant supérieur se
maintienne dans les hautes régions de l'atmosphère,
et que de son côté le vent polaire, qui, dans la zone
tropicale, devient le vent alizé, coule toujours à la
surface du sol. Dans une région assez indécise qui,
pour l'Atlantique du Nord, oscille alternativement,
suivant les saisons, du 21e au 35e degré de latitude,
le vent de retour, alourdi par les énormes quantités

de vapeur d'eau qu'il transporte, descend d'ordinaire des hauteurs du ciel à la surface de la mer et
vient se croiser avec les masses aériennes plus
froides et plus sèches qui affluent du pôle vers les
parages brûlants de l'équateur. Sous nos climats
tempérés de l'Europe, ce contre-alizé est le vent
dominant : c'est lui qui facilité des Antilles en Europe
le voyage de « montée, » tandis qu'il retarderait le
voyage de descente, si les navires ne se dirigeaient
plus au sud pour y trouver le vent et le courant
favorables. Aux abords des continents et des grandes
îles, le régime des vents est troublé, et les alizés
eux-mêmes cessent d'être réguliers dans leurs allures. Les inégalités du relief des terres, et surtout
l'excès de température que le sol présente pendant
les saisons chaudes, ont pour conséquence de détour-
ner les alizés de leur course normale et de les faire
souffler en « moussons, » quelquefois en sens inverse du chemin qu'ils suivraient si la mer était
libre devant eux. Parmi ces vents dérivés, il faut
citer principalement ceux de l'Inde et de l'Arabie.
Durant les grandes chaleurs de l'été, les déserts de
l'Arabie, et même des campagnes de l'Hindoustan,
beaucoup plus fortement échauffés que la mer, agissent comme une immense pompe aspirante ; l'air
qui repose sur cette partie du continent asiatique se
dilate et, par suite, de nouvelles masses aériennes
affluent sans cesse de l'océan Indien vers les contrées
du nord. Lorsque le soleil, dans sa course sur l'écliptique, retourne vers le sud, le foyer d'appel se
déplace en même temps : la mousson du sud-ouest
cesse de se porter vers les grandes péninsules de
l'Asie, le vent régulier du nord-est recommence

de souffler, et les courants d'appel se reploient dans l'hémisphère méridional vers les îles de la Sonde et l'Australie. Sur les rivages de l'Atlantique équatorial, de la mer des Antilles, de la Méditerranée, on observe une alternance semblable des vents, de la saison des chaleurs à la saison plus froide. Le vent régulier se détourne toujours de sa route pour se diriger vers le foyer d'appel ou l'air se dilate et monte comme au-dessus d'une fournaise. De tous ces foyers de chaleur, le Sahara, qui est le plus brûlant, est aussi celui qui attire le plus les vents de toutes les mers environnantes, l'Atlantique, la Méditerranée, et le golfe de Bénin.

Outre ces moussons annuelles, il se produit aussi des brises, que l'on pourrait appeler des moussons journalières, partout où l'on observe, du soir au matin et du matin au soir, de grandes différences de température entre la terre et une nappe liquide.

Pendant les chaudes journées, les contrées du littoral se réchauffent beaucoup plus rapidement que la surface de l'Océan. Vers dix heures du matin, après une période de calme plus ou moins longue, une rupture d'équilibre s'opère entre les masses aériennes, et l'atmosphère plus fraîche reposant sur les eaux se porte vers la terre pour y remplacer l'air dilaté qui s'élève dans les régions supérieures.

Durant la nuit, le sol perd par le rayonnement une grande partie de la chaleur qu'il avait reçue, tandis que la mer conserve à peu près la température de la journée. L'équilibre se rompt encore une fois, mais c'est maintenant au profit de la mer ; la brise est ramenée en arrière et souffle en sens inverse. Ainsi tout le pourtour des continents est bordé d'une frange de brises alternantes.

Par une raison semblable, les montagnes ont aussi leur système propre de brises alternant avec une régularité semblable à celle des brises marines. Les jours d'été, lorsque les cimes des monts sont exposées à toute l'intensité des rayons solaires et reçoivent une quantité de chaleur considérable, qui rapproche leur température de celle des vallées, ces cimes servent de foyer d'appel à un courant d'air ascendant. La nuit, le vent s'ébranle en sens inverse, vers les plaines, dont l'atmosphère se refroidit beaucoup plus lentement que celle des sommets.

Quant aux vents locaux qui caractérisent certaines régions, ils ont également leur origine première dans l'inégale répartition de la chaleur. Tels sont le *pampero* de la république Argentine et le *khamsin* de l'Égypte, tel est aussi le courant aérien auquel on donne dans le Sahara le nom de *simoun* ou « d'empoisonné. » Il en est de même du *scirocco* de la Sicile et de l'Italie, ainsi que du *fœhn* de la Suisse, et du vent du nord-ouest des côtes du Languedoc et de la Provence, auquel l'imagination populaire a donné le nom de « maître, » (*mistral*, *magistraou*, *maestrale*).

Les vents variables de nos régions tempérées sont des courants qui résultent du conflit ou de l'accord de tous ces vents locaux avec l'un des deux vents généraux, celui qui vient du pôle et celui qui vient de l'équateur. Ces courants variables sont en apparence d'une extrême irrégularité, surtout dans les contrées très-accidentées de relief. Parfois un seul vent se dirige incessamment pendant des semaines entières vers un point de l'horizon; parfois les courants atmosphériques qui se succèdent font en quelques heures le tour du compas ; en d'autres temps encore, l'air reste calme entre deux régions météorologiques où les vents se déplacent en sens inverse.

Les deux grands vents normaux qui combattent pour la suprématie sont eux-mêmes assez irréguliers dans leurs allures. D'ordinaire, ils marchent parallèlement en nappes plus ou moins larges, les unes venant du pôle, les autres de l'équateur. Ces nappes se déploient sur la rondeur du globe ; dans le même espace, c'est tantôt le vent polaire, tantôt le vent tropical qui domine ; mais la résultante générale de ces combats aériens se reproduit chaque année avec une assez grande régularité. Sur les côtes atlantiques de la France et de l'Europe occidentale, c'est le vent de l'équateur qui l'emporte ; il en est de même sur les côtes occidentales de l'Amérique du nord. En revanche, le courant polaire a plus de force en moyenne sur les côtes orientales et dans l'intérieur des continents. Ce contraste météorologique est produit par les différences de température et d'humidité qui existent entre les espaces océaniques et les masses continentales. Naturellement, les vents du sud trouvent le chemin plus ouvert au-dessus des eaux tièdes de l'Atlantique du Nord et du Pacifique boréal, tandis que les courants polaires s'épanchent plus facilement au-dessus des plaines froides de la Nouvelle-Bretagne et de la Sibérie.

Depuis des siècles déjà, on s'était aperçu que dans l'hémisphère septentrional la succession des vents s'accomplit d'une manière normale dans le sens du sud-ouest au nord-est, par l'ouest et le nord, et du nord-est au sud-ouest, par l'est et le sud. Le météorologiste Dove a réuni les témoignages épars qui confirment l'idée populaire, et transforment l'ancienne hypothèse en certitude scientifique. Désormais il est devenu tout à fait incontestable, que, dans l'hémisphère du nord, les vents se succèdent le plus fréquemment dans un ordre régulier que l'on indique par la formule suivante :

S.-O., O., N.-O., N., N.-E., E., S.-E., S., S.-O.

Dans l'hémisphère méridional, la rotation normale des courants aériens s'accomplit en sens inverse, c'est-à-dire du nord-ouest au sud-est par l'ouest et le sud, et du sud-est au nord-ouest par l'est et le nord :

N.-O., O., S.-O., S., S.-E., E., N.-E., N., N.-O.

Ainsi, dans chacun des hémisphères opposés, la procession des vents coïncide avec la marche apparente du soleil, qui, pour les Européens, décrit sa course journalière au sud du zénith, et, pour les Australiens, passe au nord de ce même point. Tel est l'ordre régulier auquel le découvreur a donné le nom de « loi de giration, » et que l'on désigne souvent par le nom de « loi de Dove. » Toutefois, cette loi est loin d'être constante; des causes locales la modifient souvent.

Les vents sont des agents géologiques d'une incessante activité. Ils travaillent directement à la transformation de la terre, en portant les sables, en poussant les dunes, en attaquant les rivages de la mer et des fleuves, mais leur œuvre géologique s'accomplit surtout d'une manière indirecte, soit par la vaporisation de l'humidité des continents, soit par l'apport de masses d'eau considérables. Pendant le cours des âges, les contours des terres et des mers n'ont cessé de changer, et par suite de ces modifications graduelles, les vents eux-mêmes ont dû en causer d'autres encore. Les uns se sont saturés de vapeur d'eau, et les nuages qu'ils portent se sont déposés en fleuves et en lacs au milieu des terres. D'autres ont perdu en grande partie leur humidité, puis, en passant sur les mers intérieures, ils les ont absorbées, pompées pour ainsi dire, et derrière eux des campagnes riantes se sont transformées en déserts. Ce sont les vents qui dessèchent aujourd'hui les terres du Cap, de Natal et du Transvaal; ce sont eux qui ont été les grands agents dans l'œuvre du desséchement de l'Asie centrale : ils ont bu les vastes étendues d'eau qui s'étendaient autrefois du Pont-Euxin à la mer Caspienne et du lac d'Aral au golfe d'Obi, et laissé des steppes de sel à la place d'une ancienne méditerranée.

III

Les remous aériens. — Les trombes. — Les ouragans; leurs vitesses, leurs spirales. — Les lames de tempêtes. — La marche des cyclones. — Le demi-cercle dangereux et le demi cercle maniable. — Les tempêtes de l'Atlantique boréal.

Le vent ne se propage jamais en ligne droite; les molécules d'air, comme les astres eux-mêmes, se déplacent en tournoyant. Tout courant aérien se meut en serpentant. Quand il vient heurter des saillies de la terre ou quand il se rencontre avec des masses d'air en repos ou des courants atmosphériques marchant en sens inverse, ses ondes se développent en remous semblables à ceux d'un fleuve.

Lorsque ces remous n'ont qu'une importance locale, on les connaît sous le nom de trombes. Ce sont des phénomènes redoutables, surtout à cause

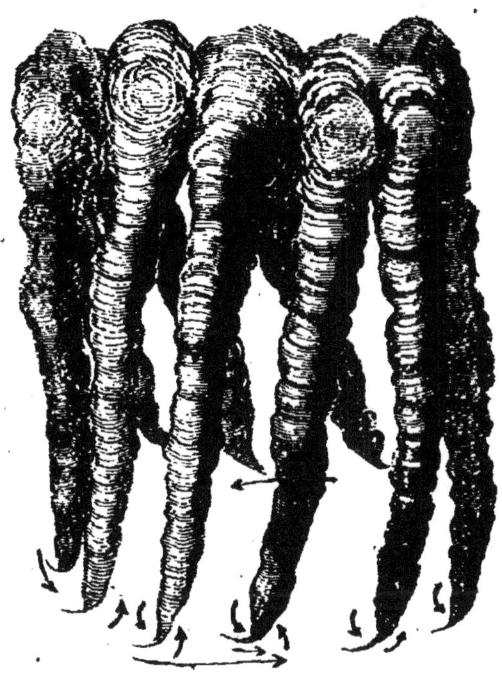

Fig. 33. — Trombe de poussière, d'après Baddeley.

du déplacement de l'air que la force centrifuge appelle sur le pourtour du météore. Il se forme ainsi dans l'intérieur de la trombe un vide correspondant, vers lequel tout ce qui se trouve au-dessous est puissamment aspiré. Dans les trombes marines, ce sont l'embrun des vagues et les flots eux-mêmes qui se redressent en colonnes au-dessus du niveau de la mer. Dans les trombes terrestres, les vents soulèvent tous les objets mobiles qui reposent sur le sol. Au milieu du désert, ils entraînent d'énormes quantités de poussière et les font tournoyer dans l'espace (fig. 33). Sur les montagnes, ils lancent ces fusées de neiges si terribles pour les voyageurs surpris; dans les grandes prairies et les savanes, ils enlèvent en tourbillons des myriades de sauterelles; dans les forêts, ils fracassent les arbres et les tordent en spirales; enfin dans les régions cultivées, ils ravagent les champs et démolissent les maisons. D'ailleurs, il se dégage dans toutes les trombes, par suite du frottement de l'air et des objets entraînés, des torrents d'électricité qui en accroissent la puissance destructive.

Les grandes trombes, celles qui se produisent lors du renversement des saisons, entre les deux courants aériens principaux, le vent polaire et le vent équatorial, sont connues sous le nom d'ouragans (du caraïbe *aracan, huiranoucan*), ou sous la dénomination scientifique de cyclones. On les nomme aussi « tornades » sur les côtes d'Afrique, et « typhons » (*ti-foong*) dans les mers de Chine. Ce sont, après les grandes éruptions volcaniques et les tremblements de terre, les phénomènes les plus effrayants de la planète. C'est principalement sur les rivages, là où la tempête, arrivant avec toute sa force initiale, n'a pas encore été retardée par les obstacles du sol, que les effets du météore sont le plus violents. C'est aussi là que, dans le désastre général, sont dévorées le plus grand nombre de vies humaines, puisque les navires se donnent précisément rendez-vous dans les ports et que les eaux brus-

quement refoulées peuvent noyer les terres basses
du littoral.

On ne sait pas encore à quel degré de vitesse
peuvent atteindre les masses d'air emportées par les
cyclones, car c'est dans les régions supérieures de
l'atmosphère, là où le milieu n'offre qu'une faible
résistance aux courants aériens, que le vent de tempête doit avoir sa plus grande rapidité. A la surface
du sol, on l'a vu marcher au taux formidable de
45 mètres par seconde, ou de 162 kilomètres par
heure, quatre fois la marche de nos locomotives.
Lors d'un ouragan qui passa près de Calcutta, un
bambou fut lancé à travers une muraille d'un
mètre et demi d'épaisseur, c'est-à-dire que le souffle
d'air en mouvement sur ce point avait une force
égale à celle d'un canon de six. A Saint-Thomas, en
1837, la forteresse qui défend l'entrée du port fut
démolie comme si elle avait été bombardée. Des
blocs de rochers ont été arrachés du fond de la mer,
par 10 et 12 mètres d'eau, et lancés sur la plage.
Ailleurs, de solides maisons, déracinées de leurs fondements, ont glissé sur le sol en fuyant devant la
tempête. En 1825, lors du grand ouragan de la Guadeloupe, les navires qui se trouvaient dans la rade de
Basse-Terre disparurent, et l'un des capitaines,
heureusement échappé à la mort, raconta que son
brick avait été aspiré par l'ouragan, soulevé hors de
l'eau, et qu'il avait, pour ainsi dire, « fait naufrage
dans les airs. »

Les masses d'air qui tourbillonnent autour de la
partie centrale du cyclone sont les seules qui atteignent ces vitesses considérables. Quant au mouvement de l'ensemble du météore à la surface de la

terre, il est naturellement très-lent en comparaison du déplacement circulaire des molécules aériennes autour de leur axe.

A la fin du mois de février 1845, un ouragan qui prit son origine près de Maurice, parcourut l'océan des Indes avec une vitesse moyenne d'au plus 5 kilomètres et demi par heure, tandis qu'un navire, le *Charles-Heddles*, placé à 90 kilomètres environ de l'axe du tourbillon, décrivait d'immenses spirales autour de ce point changeant. Ce navire tourna

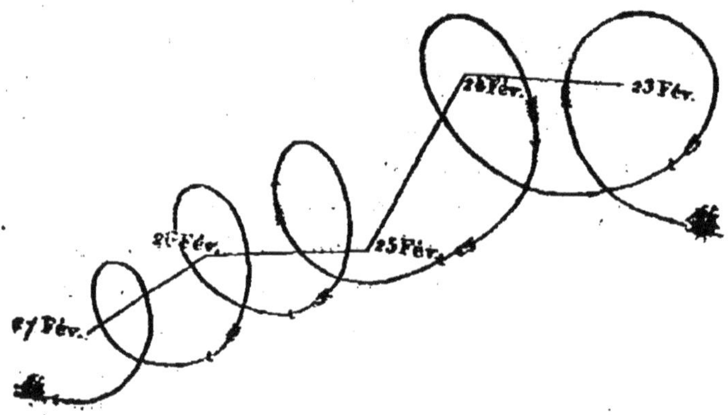

Fig. 34. — Les spirales du Charles-Heddles.

longtemps comme une toupie à la surface de l'Océan (fig. 34).

Le mouvement du cyclone, comme celui des petites trombes, a pour effet de rejeter les masses d'air vers la circonférence de cette énorme roue qui tourne dans l'atmosphère. La diminution de la colonne aérienne se fait aussitôt sentir par une diminution correspondante de poids, et le mercure du baromètre baisse en conséquence dès que l'ouragan commence à se former dans les hautes régions de l'atmosphère. On a vu le baromètre baisser de 40, de 50 et même de 68 millimètres et demi, soit près d'un dixième de la hauteur totale, et chacune de ces perturbations n'a pas manqué d'être le signal d'une tourmente d'autant plus horrible que le baromètre était précédemment plus élevé.

Par suite de la pression moindre, les eaux qui se meuvent avec le centre du cyclone se redressent à une hauteur d'autant plus grande que la pression atmosphérique s'amoindrit davantage ; il se forme ainsi une « lame de tempête » dont la force s'ajoute à celle de la formidable houle qu'ont soulevée les vents. Telle est la principale cause de ces terribles ras de marée qui vont se dérouler sur les côtes voisines.

Le mouvement circulaire des cyclones ne s'accomplit point indifféremment dans l'un ou l'autre sens. Dans l'hémisphère septentrional, les tempêtes tournantes des tropiques soufflent constamment du sud au nord par l'est, et du nord au sud par l'ouest; dans l'hémisphère méridional, la marche des tourbillons s'opère en sens inverse, et les spirales du vent se développent uniformément par le sud, l'ouest, le nord et l'est. Telle est la loi découverte et mise en lumière par les travaux de Reid, de Redfield, de Piddington, de Bridet et d'autres météorologistes. Ainsi les vents de toutes les parties de l'horizon soufflent en même temps sur la circonférence du cyclone : tel navire est poursuivi par un furieux vent d'est, tandis qu'à 50 kilomètres de là, un autre bâtiment est coulé bas par des rafales venues de l'ouest. Pendant tout ce tumulte des éléments, l'atmosphère reste parfois tout à fait calme au centre même de l'ouragan ; une terrible paix, un silence formidable, règnent dans l'enceinte changeante formée par le tourbillon rugissant de la tempête.

A leur départ des régions tropicales, où ils sont nés de la lutte des vents alizés ou de celle des moussons, la plupart des cyclones du nouveau monde se dirigent d'abord vers le nord-ouest, parallèlement à la rangée des Antilles ou bien aux rivages de la Colombie et de l'Amérique centrale, puis, revenant en arrière, comme une boule de billard qui tourne sur elle-même en sens inverse de l'impulsion reçue, ils longent les côtes des États-Unis, en décrivant dans les airs une orbite superposée au lit du Gulf-stream.

Dans l'hémisphère méridional, c'est le phénomène inverse : les cyclones de l'océan des Indes prennent leur origine au sud de l'Hindoustan, se déplacent au sud-ouest vers la Réunion, Maurice et Madagascar, puis se recourbent brusquement pour se diriger au sud-est vers les mers antarctiques. Le mouvement d'hélice du vent dans ce grand tourbillon s'opère de l'ouest à l'est par le nord. C'est le mouvement inverse de celui qui se produit dans les ouragans de l'hémisphère septentrional.

Piddington, Redfield, Bridet, Lartigue et autres savants météorologistes ont tracé aux marins surpris par l'ouragan des règles de conduite générales qui, lorsqu'elles sont suivies à temps, peuvent sauver le navire menacé. Averti par le baromètre de l'approche du cyclone, le capitaine doit bien se garder de fuir à toute vitesse devant la tempête ; en procédant de cette manière, ainsi que le lui conseillerait la terreur, il irait précisément se jeter au centre du tourbillon et livrer son navire à toute la fureur du vent et de la houle. Pour échapper à l'étreinte, il doit manœuvrer de façon à se porter obliquement vers la circonférence du météore, aussi loin que possible de la partie centrale où le vent souffle dans toute sa violence. Il doit également ment tenir compte de ce fait, que le vent de la périphérie du cyclone est plus fort quand son mouvement s'ajoute au mouvement propre du météore, et plus faible quand il marche en sens inverse. En effet, si l'ouragan se meut vers le nord-est, d'Amérique en Europe, les vents nord-ouest de son pourtour seront beaucoup plus violents que les vents soufflant vers le sud-est. Un côté de l'immense roue formée par le cyclone est donc pour le marin le « demi-cercle dangereux, » tandis que l'autre côté en est le « demi-cercle maniable. »

Les mouvements atmosphériques appelés tempêtes ou coups de vent par les marins diffèrent des cyclones par leur plus faible intensité, mais ils se propagent également en spirales tournantes. En général, ceux qui se font sentir longtemps et avec violence au-dessus de l'Atlantique boréal naissent à l'ouest du Gulf-stream, sur le continent américain du nord. Il faut attribuer ce fait au mouvement de rotation de la terre, qui fait dévier les masses d'air dans la direction d'occident en orjent. En route, ces tempêtes accroissent leur force de celle des remous latéraux qui se forment au nord du Gulf-stream, et dont le mouvement tournant s'accomplit exactement dans le même sens.

IV

Formation des brouillards et des nuages. — Hauteur, épaisseur, formes des nues. — Chute des pluies sur le versant des
montagnes. — Pluies tropicales. — Pluies des zônes tempérées et des zones polaires. — Contraste des deux hémisphères. — Régions sans pluies. — Action géologique des
pluies.

Lorsqu'une masse d'air humide reposant sur le
sol dépasse le point de saturation, c'est-à-dire lorsqu'elle a reçu plus d'humidité qu'elle ne peut en
contenir, une certaine partie de la vapeur se condense aussitôt en gouttelettes blanchâtres, qui, par
leur multitude, voilent ou cachent complètement les
objets et ne laissent plus passer qu'une terne lumière : ces gouttes innombrables constituent les
brouillards. Ce sont des nuages encore attachés à la
terre et rampant sur les campagnes ou sur les pentes des monts.

Les nuages naissent de la même manière dans
les hauteurs du ciel. Quand les couches supérieures
de l'atmosphère reçoivent un excès d'humidité, ou
que, soudain refroidies par le contact avec un courant d'air plus froid, elles ont moins de capacité
pour la vapeur d'eau, il se forme des brouillards
suspendus dans l'atmosphère ; ce sont les nuages
proprement dits. Ils sont produits d'ordinaire par des
courants d'air ascendants, qui se refroidissent graduellement en montant dans l'atmosphère. Le nuage
n'est donc que le sommet visible d'une colonne as-
cendante de vapeur, dont la base ne peut se discerner dans l'air transparent.

On voit d'abord un simple flocon de vapeur, semblable à un oiseau blanchâtre planant dans l'espace; mais ce flocon grandit, s'étale, s'environne de traînées indécises : c'est maintenant une nue, encore à demi transparente, laissant voir le bleu de l'air à travers ses trouées; puis c'est un véritable nuage se développant en larges rouleaux sur la rondeur céleste.

La hauteur à laquelle se forment et se soutiennent les nuages varie en toute saison et en tout pays suivant la température et la direction des vents. Il en est qui rasent les sommets des édifices et des arbres; d'autres planent à plusieurs centaines de mètres d'élévation; d'autres encore sont au niveau des plus hautes cimes de montagnes. M. Liais a trouvé une hauteur de 11,540 mètres pour l'amas de vapeurs le plus élevé dont il ait pris astronomiquement les dimensions : c'est là une altitude dépassant de près de 3 kilomètres celle du mont le plus colossal de la planète. Quant à l'élévation moyenne de la zone où se condensent les vapeurs, elle semble osciller, dans les contrées de l'Europe occidentale, entre 2,000 et 3,000 mètres; elle dépasserait donc les Vosges et les monts d'Auvergne, et ne serait dominée que par l'arête des Pyrénées et les massifs des Alpes. Cette zone est plus haute en été, plus basse en hiver.

L'épaisseur des couches de nuages n'est pas moins diverse que l'altitude à laquelle se condensent les vapeurs. Depuis le mince voile transparent qui laisse passer la lumière des astres jusqu'à ces énormes amas superposés en strates de 5,000 mètres, comme ceux que Barral et Bixio traversèrent en 1850, il existe des nuages de toutes les dimensions verti cales. Pour une moyenne de quarante-huit mesures prises dans les Pyrénées, M. Peytier a trouvé que l'épaisseur des couches nuageuses était de 450 à 500 mètres.

Par suite de la différence des conditions dans lesquelles se réfrigèrent les vapeurs, les nuées prennent les apparences les plus diverses. La variété de leurs formes est infinie, mais par convention les météorologistes ont généralement adopté la classification de Howard, d'après laquelle les nuages sont ramenés à trois grands types, le *stratus*, le *cumulus* et le *cirrus*, qui se mêlent eux-mêmes diversement et produisent ainsi des combinaisons secondaires portant les noms de *cumulo-stratus*, *cirro-cumulus* et *cirro-stratus*. Le stratus est ainsi nommé de ce qu'il semble disposé en « strate » ou longue bande horizontale. Le cumulus, que les marins désignent sous le nom de « balle de coton, » est généralement formé sur place par la condensation des colonnes ascendantes de vapeurs. On voit ces sortes de nuages s'entasser au bord de l'horizon en énormes rouleaux aux contours nettement définis : on dirait parfois des chaînes de montagnes gigantesques dont les sommets blancs et arrondis tranchent sur le profond azur. Les cirrus sont des nuelles blanches et fines comme de la laine cardée ou comme des barbes de plume ; ce sont les « queues-de-chat » des marins : on les aperçoit toujours à une très-grande hauteur dans le ciel. D'après Kamtz, leur altitude moyenne n'est pas moindre de 6,500 mètres. Ils sont formés de particules de glace, ainsi qu'ont pu le constater les physiciens, par les phénomènes de réflexion et de réfraction qui s'y produisent. Raspail leur a donné, suivant leurs aspects variés, les noms charmants de nuages moutonnés, treillagés, guillochés, digités, panachés, striés ou aranéens. Il est du reste impossible d'expliquer ces différentes formes de nuées sans tenir compte, comme l'a fait Peltier, des attractions et des répulsions électriques. Quant au *nimbus*, c'est le nuage de pluie qui se déploie sur le ciel et s'écroule en averse.

Toute couche aérienne renfermant de la vapeur d'eau jusqu'au delà du point de saturation doit nécessairement laisser tomber sur le sol une certaine quantité de gouttes ou gouttelettes, qui sont le nuage lui-même. Le plus souvent, cette précipitation d'humidité provient de la rencontre de deux masses aériennes inégalement échauffées qui se heurtent et se mélangent : la température de l'air le plus chaud s'abaisse brusquement ; par suite, sa capacité pour la vapeur diminue et l'humidité se précipite en averse.

Les nuages les plus épais flottant presque toujours à une hauteur considérable au-dessus des plaines basses, il en résulte que les pluies les plus abondantes tombent sur les pentes des montagnes. Poussées par le vent, et sollicitées en outre par cette force d'attraction qui fait dévier le fil à plomb dans le voisinage des hauteurs, les masses humides se heurtent contre les rochers froids dressés en travers de leur route et se fondent en eau ; les ravins et les gorges s'emplissent, tandis que les nuées allégées remontent les versants et franchissent la chaîne par les cols ouverts entre les sommets. Il faut tenir compte aussi du refroidissement de l'air causé par le froid contact des roches et des neiges pendant les nuits ou les jours sans soleil. En s'entourant de nues, la cime de la montagne annonce aux habitants des vallées que l'atmosphère est saturée de vapeurs ; elle les avertit d'un changement prochain dans la température. Aussi les monts servent-ils constamment d'indicateurs météorologiques aux populations voisines ; dans chaque massif de hauteurs, on regarde toujours vers l'un des grands pics pour voir s'il « met son chapeau » de nuages.

Les observations directes recueillies dans les diverses parties du monde ont démontré que, toutes choses égales d'ailleurs, la précipitation annuelle de l'eau de pluie est en raison de l'altitude du pays, du moins jusqu'à la hauteur où se trouvent les nuages les plus épais : plus haut, la quantité de pluie diminue par degrés. D'après Keith Johnston, la moyenne des eaux pluviales pour les districts de plaines serait en Europe de 575 millimètres par année, et pour les districts montagneux de $1^m,300$. Mais lorsque le flanc des monts est directement tourné vers des vents océaniques chargés d'humidité, la tranche annuelle de pluie est beaucoup plus élevée. A Coimbre, au pied des montagnes, dans une vallée où viennent se heurter les contre-alizés, il tombe en moyenne $3^m,430$ d'eau. De même, les petites montagnes du Westmoreland, placées en travers de l'espèce d'entonnoir que forme le canal d'Irlande, reçoivent jusqu'à $3^m,850$, et dans les années exceptionnelles, cette énorme quantité d'eau de pluie est de beaucoup dépassée. Sur le versant méridional des Cévennes, où les vents soufflent parfois avec tant de fureur, il est même tombé en un seul jour près de 800 millimètres d'eau, plus qu'il n'en tombe en moyenne sur le sol de la France pendant toute une année.

Les contrées du monde où la pluie tombe en plus grande abondance sont probablement les côtes de Malabar, celles d'Arrakan et les premières pentes de l'Himalaya. Là, tout se trouve réuni pour que la quantité d'eau soit très abondante pendant la saison pluvieuse : chaleurs tropicales, énorme bassin d'évaporation, hauteur et direction des remparts de montagnes qui retiennent les nuages. A Mahabalechvar, lieu de plaisance des Anglais du Malabar, situé à 1,360 mètres d'altitude, sur le versant occidental des Ghâtes, la moyenne annuelle de la pluie, établie pour une période de plus de vingt années, est, d'après Schlagintweit, de 6m,18.

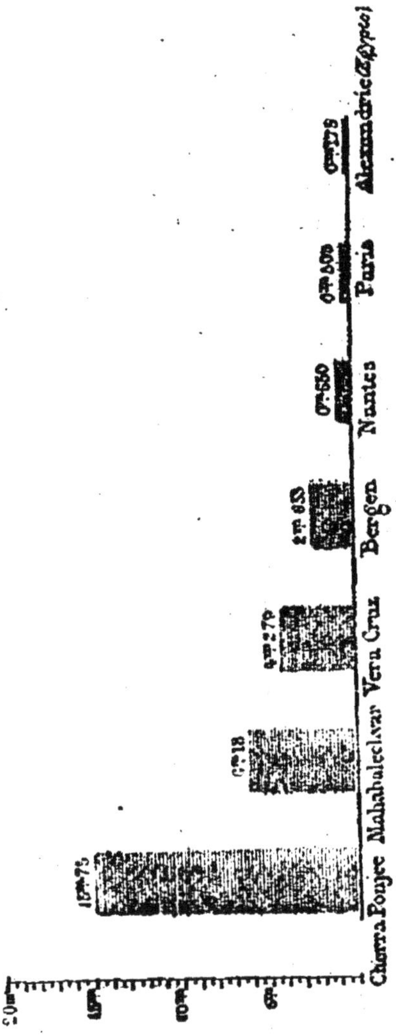

Fig. 35. — Hauteurs de pluie comparées.

A Cherra-Ponjee, qui se trouve également à 1,360 mètres, sur les monts Garrows, au sud de la vallée du Brahmapoutrah, la quantité d'eau versée annuel-

lement par les nuages est de 15^m,75, c'est-à-dire
que pendant douze mois il y pleut presque autant
que sur Alexandrie d'Égypte pendant un siècle
(fig. 35).

Il est facile de comprendre, d'ailleurs, que les
montagnes ou les plateaux dont un versant reçoit
de pareilles averses ont un climat sec sur la pente
opposée. Les vents, allégés de leurs pluies, n'en laissent plus tomber qu'une faible quantité.

La forme et le relief des terres, ainsi que leur
voisinage de l'Océan, ne sont point les seuls faits
qui influent sur la plus ou moins grande précipitation des pluies dans les diverses contrées; il faut
aussi tenir compte de la température. Toutes choses
égales d'ailleurs, il pleut d'autant plus dans un pays
qu'il est plus rapproché de l'équateur, car l'évaporation s'accroît avec la chaleur du soleil, et par
suite la condensation de l'humidité.

Plus brûlante que les zones tempérées, la zone
tropicale est aussi plus arrosée de pluies; de même
les zones tempérées reçoivent proportionnellement
plus d'humidité que les deux zones polaires.

Entre les tropiques, les pluies suivent avec une
grande régularité la marche apparente du soleil dans
les cieux, et la saison pendant laquelle elles tombent
sur le sol se trouve ainsi nettement limitée. En
effet, les vents alizés se chargent d'une énorme
quantité de vapeur d'eau en passant au-dessus des
mers de la zone torride; comme leur température
augmente à mesure qu'ils se rapprochent de l'é-
quateur, ils acquièrent une capacité de plus en plus
grande pour l'humidité et gardent leur sécheresse
relative. Mais dès que les vents réguliers du sud-est

et du nord-est sont arrivés à leur point de rencontre dans la zone équatoriale, les choses changent brusquement : les deux courants aériens montent ensemble dans les hautes régions de l'atmosphère, leur température diminue, la vapeur dont ils sont saturés se condense, de puissantes assises de nuages se forment au-dessus de la zone des calmes et se précipitent en pluies diluviennes. L'eau qui tombe du ciel s'abat alors en si grande abondance que souvent les marins ont pu recueillir à la surface de l'Océan l'eau douce qui leur était nécessaire. Les navigateurs anglais ont donné à ces parages, appelés aussi « doldrums », le nom expressif de marais (*swamp*), comme si la mer y était changée en une nappe d'eau saumâtre; pour les Français, c'est le *Pot-au-Noir.*

Le va-et-vient de la zone des nuages avec la course du soleil sur l'écliptique fait alterner régulièrement la saison des sécheresses et celle des pluies dans les régions tropicales. Dans toute la zone torride, la saison des nuages pluvieux ou l'hivernage, qui tombe précisément dans l'été astronomique, est celle où le soleil se trouve au zénith. Les Antilles, l'Amérique centrale ont donc leurs pluies annuelles à l'époque même où les hauts bassins du Parana et du Paragnay ont leurs sécheresses. Quand ceux-ci, à leur tour, reçoivent des pluies en abondance, le ciel est pur dans le voisinage du tropique boréal. Enfin, les régions équatoriales, que le soleil traverse deux fois dans sa course sur l'écliptique, ont aussi deux saisons de sécheresse et deux hivernages.

Au nord et au sud de la zone des alizés, les pluies,

comme les vents, offrent beaucoup moins de régularité que dans la région des calmes équatoriaux,
soit pour la quantité d'eau tombée, soit pour l'époque et la durée de la saison pluvieuse. Dans l'hémisphère boréal surtout, la précipitation des vapeurs
de l'air s'accomplit d'une manière inégale, car la
rondeur terrestre y est plus accidentée que partout
ailleurs par les contours très-variés des continents,
par les îles éparses, par les mers intérieures et les
chaînes de montagnes. Aussi est-il fort difficile, dans
plusieurs contrées, de discerner nettement l'ordre
dans lequel se succèdent les pluies. Cependant on
peut dire, d'une manière générale, qu'au nord de la
limite changeante où commencent les vents alizés,
et jusqu'à la latitude moyenne de 40 degrés, les
pluies tombent presque exclusivement pendant
l'hiver. Autour du bassin de la mer Tyrrhénienne et
sur les côtes de l'Europe occidentale, elles se ré-
partissent dans toute l'année, mais c'est en automne
surtout qu'a lieu la plus grande précipitation d'humidité; plus au nord, c'est l'été qui est la saison
pluvieuse par excellence; enfin, dans les contrées
polaires, c'est en hiver que la condensation des nuages produit le plus de neiges et de pluies.

La marche des vents est la véritable cause de
cette inégale répartition de l'eau du ciel suivant les
diverses parties de l'année, car en dehors de la
zone équatoriale, la plupart des pluies ne se forment
point sur place, pour ainsi dire, par la condensa-
sation des vapeurs ascendantes, mais elles sont ap-
portées de loin par les courants de l'atmosphère.
Pendant l'hiver de l'hémisphère boréal, les contre-
alizés, descendus des hauteurs du ciel, viennent se

heurter aux côtes de l'Europe du sud : c'est donc alors pour ces contrées l'époque des grandes pluies. Lors des équinoxes, c'est-à-dire au printemps et en automne, les contre-alizés atteignent la surface du sol en France et dans l'Europe centrale ; ces pays ont alors, par conséquent, leurs saisons pluvieuses : surtout en automne, parce que l'abaissement de la température se produit d'une manière relativement brusque après les chaleurs de l'été. Enfin, pendant l'été boréal, les contre-alizés se trouvent encore repoussés vers le nord, et avec eux, leur fardeau de pluie.

De l'autre côté de l'équateur, c'est dans l'ordre exactement inverse que les contre-alizés du nord-ouest, voyageant avec le soleil, déterminent la plus forte précipitation d'humidité sur les contrées vers lesquelles ils s'abaissent. Quant aux neiges des deux zones polaires, elles tombent surtout en hiver, c'est-à-dire pendant la grande nuit qui dure plusieurs mois, car la température est alors trop basse pour conserver l'humidité que lui apportent les vents équatoriaux.

Il ressort des observations comparées que la plus forte proportion d'eau de pluie tombe dans l'hémisphère du nord. D'après Keith Johnston, la masse d'eau pluviale qui s'abattrait en moyenne durant l'année sur les terres de l'hémisphère austral serait de 65 centimètres; au nord de l'équateur, elle serait de 95 centimètres. Ces chiffres seront sans aucun doute modifiés par des recherches futures; mais il est très-probable que l'écart reconnu entre les deux hémisphères sous le rapport de la précipitation de l'eau de pluie restera toujours considérable. En effet, c'est dans l'hémisphère du nord que se maintient pendant presque toute l'année cette zone des calmes équatoriaux où les pluies tombent en une si grande abondance; c'est également dans l'hémisphère du nord que les moussons, attirées par le foyer d'appel des continents échauffés, épanchent leurs plus fortes averses. Or, par un contraste remarquable, l'hémisphère boréal, qui reçoit la plus forte quantité d'eau, en fournit la moindre proportion. En effet, l'Océan, resserré au nord entre les continents, s'étale au sud de l'équateur de manière à recouvrir presque toute la rondeur terrestre : il offre aux rayons solaires une immense surface d'évaporation alimentant incessamment les nuages de l'atmosphère. Ce sont en grande partie les vapeurs de l'Atlantique méridional, et peut-être aussi celles de la mer du Sud, qui alimentent les fleuves de l'Europe.

Les mêmes vents qui déversent des torrents de pluie sur certaines contrées dessèchent d'autres régions en s'emparant de toute la vapeur d'eau qui s'en élève. Ainsi les alizés, dans leur marche régulière à travers les continents, se réchauffent peu à peu en approchant de l'équateur et se chargent de l'humidité des airs en passant au dessus de la grande zone qui s'étend du plateau de Cobi au Sahara. Les mêmes phénomènes s'observent dans les trois continents de l'hémisphère austral. Chacune de ces parties du monde a sa zone de terres sèches dans le voisinage du tropique méridional : en Afrique, c'est le désert de Kalahari; en Australie, ce sont les solitudes redoutables que les explorateurs ont eu à traverser pour se rendre des colonies du sud au golfe de Carpentarie; dans l'Amérique, ce sont les déserts salins situés à l'ouest des Pampas.

Ainsi que le montre l'aspect de tous les monts et de tous les plateaux ravinés, la pluie est le grand agent géologique à la surface du sol. Dans toutes les contrées pluvieuses dont le relief est fortement accidenté, il est absolument impossible de reconnaître quel était l'aspect primitif du pays, tant les pluies ont sculpté à nouveau les inégalités et les fissures produites antérieurement par d'autres agents. En revanche, là où les pluies manquent, le relief de la terre présente une singulière monotonie sur de vastes étendues. C'est aussi l'absence complète ou partielle des pluies qui explique la formation des grandes couches de sel laissées en maints endroits à la place des anciens lacs. S'il pleuvait, ne fût-ce qu'une dizaine de jours dans l'année, sur le versant occidental des Andes péruviennes et boliviennes, les efflorescences de salpêtre qui ont donné tant d'importance à la ville d'Iquique, et les amas de guano qui se trouvent dans les îles du littoral, n'auraient pu se former. Toutes ces matières auraient été dissoutes et entraînées à mesure.

V

Les orages. — La formation de la grêle. — Les aurores po
laires. — Leur altitude. — Leur étendue. — Leurs périodes
— Théorie des aurores polaires.

La condensation et la précipitation de la vapeur d'eau sont toujours accompagnées de phénomènes d'électricité; mais cette force ne se manifeste point d'une manière visible dans les pluies ordinaires, par lesquelles l'équilibre atmosphérique est à peine troublé. Seulement, lorsque les nuages se condensent tout à coup, et que le sol et les diverses couches d'air ont des tensions électriques très-différentes, l'harmonie se rétablit par de violentes décharges accompagnées d'éclairs. Dans les fortes tourmentes, on a vu parfois des éclairs de 10 et même de 15 kilomètres de longueur.

D'une manière générale, on peut dire que la hauteur des orages est celle des grands « cumulus » dans lesquels ils prennent leur origine. Telle est l'origine de ce dicton commun à tant de peuples : « Les monts attirent la foudre. » Les orages, de même que les simples pluies, éclatent plus fréquemment que partout ailleurs dans les gorges élevées des montagnes tournées vers la mer. Comme les pluies, ils sont plus nombreux dans la zone des calmes équatoriaux et dans celle des moussons. Au Bengale, le nombre annuel des orages est de cinquante à soixante; dans les Antilles, on en compte environ quarante par an; sous les climats tempérés, ils ne sont que d'une vingtaine, ayant presque toujours lieu pendant la saison chaude; au nord de l'Europe, enfin, le tonnerre est un phénomène très rare. De même que le nombre des orages diminue graduellement de l'équateur vers les pôles, de même il se réduit peu à peu sur la haute mer en proportion de l'éloignement des rivages.

Pris dans leur ensemble, les orages de l'Europe occidentale suivent la même direction générale que les tempêtes et les accompagnent dans leur marche. Ces phénomènes de l'air font partie du système général des mouvements atmosphériques. Sur le territoire français, presque tous les orages viennent de l'Océan; de même en Allemagne et jusqu'en Russie, les nuées orageuses, envoyées par l'énorme bassin d'évaporation de l'Atlantique, viennent de l'ouest et du sud-ouest. C'est donc d'une manière tout à fait exceptionnelle que de rapides courants ascendants, chargés de l'humidité des lacs et des rivières, produisent des orages dans l'intérieur même des continents; mais sur les divers points de leurs parcours, les météores venus de l'Océan sont d'ordinaire très-fortement modifiés par le milieu dans lequel ils se propagent. Au-dessus de régions différant les unes des autres par les accidents du sol, la nature des terrains, la végétation, le climat, les orages passent par de brusques péripéties de calme relatif et d'exaspération. Ainsi que M. Becquerel l'a prouvé, dans ses études météorologiques sur le centre de la France, les orages suivent assez régulièrement le cours des grandes vallées et cherchent à éviter les grandes forêts.

Des questions encore fort obscures sont celles qui ont rapport à la formation et à la chute de la grêle. On se demande comment les grêlons, ces projectiles pesant jusqu'à 200 et même 300 grammes, peuvent se cristalliser dans les hauteurs de l'air, et le plus souvent en été, peu après les heures les plus chaudes de la journée. Ce qu'il y a de plus probable, c'est qu'un de ces mouvements tournoyants de l'air qui se produisent toujours lors de la rencontre de deux courants atmosphériques opposés est le grand producteur de la grêle. Par suite de la force centrifuge qui se développe dans la trombe aérienne, l'air se raréfie, les gouttes d'eau se congèlent et tourbillonnent dans le grand remous; en même temps, l'appel de l'immense entonnoir qui se forme au mi-

lieu des nuages fait descendre des régions supérieures une atmosphère glacée, et les grêlons, tournant dans les vapeurs, augmentent incessamment
de volume, jusqu'à ce qu'ils s'élancent sur le sol.
Cette théorie, qui est celle de Mohr, de Lucas, de
Hann, ferait comprendre pourquoi les grêles sont
tellement rares dans les régions tropicales, où les
couches d'air glacées sont à une trop grande éléva-
vation pour que les tourbillons de nuages puissent
les entraîner dans leur remous. L'étroitesse de la
zone ravagée par la grêle, la chute oblique des projectiles, la violence avec laquelle ils frappent la terre,
la direction giratoire que prennent les blés renversés
sur les sillons, donnent un grand degré de plausibi-
lité à cette hypothèse. Certaines averses de grêlons
sont assez fortes pour constituer des sortes de glaciers temporaires. Le 9 mai 1865, la masse de cristaux tombés du ciel sur les prairies du Catelet for-
mait un lit de 2 kilomètres de long sur 600 mètres
de large, évalué dans son ensemble à 600,000 mètres
cubes. Quatre jours après, les grêlons n'avaient pas
encore tous disparu.

Les orages bruyants et rapides qui déchirent l'atmosphère des régions tempérées, et plus souvent
encore celle des régions tropicales, trouvent leur
contraste le plus saisissant dans ces longs et silen-
cieux orages des nuits polaires, qui jaillissent en
dards de flammes pressés sur la rondeur du ciel. Ce
sont les aurores australes et boréales, ces illumina-
tions merveilleuses qui s'étalent en nappes éclata-
tantes, jaillissent en fusées, s'épanouissent en gerbes
pourpres et jaunes d'or. C'est en Écosse, dans les
Shettland, en Scandinavie, dans l'Amérique du Nord

et surtout en Laponie, sur les bords de la baie de
Hudson, et dans les îles polaires, où règnent de
longues nuits de plusieurs semaines et de plusieurs
mois, que ces vastes conflagrations aurorales sont
les plus belles et les plus fréquentes. En 1838 et
1839, une commission scientifique française, campée
sur les bords de l'Alten-fjord, sous le 70ᵉ degré de
latitude nord, observa, dans l'espace de 206 jours,
153 aurores boréales, sans compter 6 ou 7 phénomènes de ce genre restés douteux. Peltier, Silber-
mann et d'autres physiciens pensent que les aurores
polaires sont de lentes décharges électriques passant à travers les innombrables petits glaçons des
cirri. S'il en est ainsi, la hauteur de l'espace où
s'accomplissent ces conflagrations brillantes ne
pourrait pas dépasser l'altitude de 10 ou 12 kilomètres, à laquelle ces nuelles glacées se montrent
encore dans le ciel. D'autres savants assignent à
ces phénomènes une élévation bien plus considérable. Bravais crut pouvoir établir que la hauteur
moyenne des aurores est de 150 kilomètres. Loomis,
qui a étudié avec soin les deux magnifiques aurores
boréales du 28 août et du 2 septembre 1859, leur
a donné des altitudes encore beaucoup plus élevées : d'après lui, les fusées pourraient être dardées
vers la terre de l'énorme hauteur de 859 kilomètres.
Quoi qu'il en soit, on ne saurait douter que les aurores ont l'atmosphère pour théâtre, car elles suivent le mouvement général de la rotation du globe
dans le sens de l'ouest à l'est. En outre, il est certain que les grandes aurores, bien différentes sous
ce rapport des orages de foudre, se produisent à la
fois sur tout le pourtour de l'hémisphère du nord,

Celle du 2 septembre 1859 a été vue à la fois dans les îles Sandwich, dans toute l'Amérique du nord et en Europe. C'est le même jour que l'on put aussi constater pour la première fois avec certitude l'apparition simultanée des flamboiements aux deux côtés de la terre, sous les cieux de l'hémisphère austral aussi bien que sur les bords de l'océan arctique; l'orage était devenu visible sur plus de la moitié de la planète.

C'est principalement pendant la nuit que se montrent les aurores. De même, c'est pendant l'hiver, qui est pour ainsi dire la nuit de l'hémisphère septentrional, que les aurores boréales sont les plus nombreuses et brillent à une plus grande distance vers le sud. Les périodes pendant lesquelles ces troubles magnétiques se reproduisent le plus fréquemment sont celles des équinoxes, au commencement et à la fin de la saison d'hiver. Le mois de juin est le plus pauvre de tous en météores de ce genre. Il est probable que les aurores polaires ont aussi leur périodicité comme tous les phénomènes de la nature. Il ressort du recensement des aurores observées depuis le commencement du XVIIe siècle en Europe et dans l'Amérique du nord, que le cycle de ces phénomènes est de 58, 59 ou 60 ans, et peut-être cette période elle-même se subdivise-t-elle en six périodes de dix années, correspondant avec les alternatives régulières de même durée que présentent les taches du soleil.

Les recherches de Peltier, de Becquerel et d'autres physiciens ont établi que les couches supérieures de l'atmosphère sont presque toujours chargées d'électricité positive, et, de leur côté, les couches plus chaudes, reposant sur le sol et sur la surface des mers, ont l'électricité contraire. Par suite de l'énorme évaporation qui se produit dans les mers tropicales, l'humidité qui s'élève dans les hautes régions, et qui est aussi chargée d'électricité positive, maintient l'atmosphère supérieure dans un état de tension constante ; mais des orages violents, accompagnés de pluies très-abondantes, reconstituent fréquemment l'équilibre. En dehors de la zone tropicale, les couches d'en haut et celles d'en bas, moins fortement électrisées, ne s'unissent plus par de soudaines décharges, et c'est par les silencieuses fusées des aurores polaires que se rencontrent et se neutralisent les deux électricités contraires. Telle est la théorie. En tout cas, il est certain que les aurores sont bien des phénomènes électriques, puisqu'elles agissent à la manière des batteries sur les fils des télégraphes. En même temps, les aurores sont des phénomènes magnétiques, ainsi que le prouve leur action si puissante sur les mouvements de la boussole. Elles sont aussi très-probablement des phénomènes de l'ordre astronomique, obéissant dans leurs périodes successives aux cycles du soleil. Attraction solaire, magnétisme, électricité, toutes forces qui se transforment harmonieusement les unes dans les autres et travaillent de concert à modifier incessamment, puis à rétablir l'équilibre de l'atmosphère.

CHAPITRE IV

LES CLIMATS

I

La chaleur solaire. — Égalisation des températures dans les couches profondes. — Contrastes des climats entre les deux hémisphères du nord et du sud, entre les côtes orientales et les côtes occidentales des continents, entre les rivages et l'intérieur des terres.

Tous les faits de géographie physique, le relief des continents et des îles, la hauteur et la direction des systèmes de montagnes, l'étendue des forêts, des savanes et des cultures, la largeur des vallées, l'abondance des eaux courantes, la forme des rivages, les courants maritimes, les vents et tous les météores de l'atmosphère, les effluves magnétiques, ou, plus brièvement, comme le disait Hippocrate, « les lieux, les eaux, les airs, » constituent, dans leurs rapports avec la longitude et la latitude, ce qu'on nomme le climat d'un pays.

Les phénomènes de climat les plus importants sont ceux de la température, car c'est de la chaleur surtout que dépendent les météores dans leurs diverses alternatives à la surface des continents et des mers. Ce sont les régions suréchauffées qui servent de foyer d'appel pour mettre en mouvement tout le système des courants atmosphériques ; ce sont elles également qui livrent aux vents de l'espace l'humidité destinée à se disperser en nuages et à retomber plus loin en neiges et en pluies. Par leur action sur la terre et sur les eaux, les rayons du soleil donnent la première impulsion à tout ce qui se meut à la surface du globe : c'est de l'astre lumineux que dépend la vie de notre planète.

Si la terre était un globe d'une régularité parfaite, n'offrant à sa surface aucun contraste de terres et de mers, de plateaux et de plaines, et se maintenant toujours à la même distance du soleil, une répartition normale des climats s'établirait sur tous les points de la rondeur terrestre, et l'on pourrait mesurer exactement le degré de chaleur par la latitude. A l'équateur, la température serait à son maximum, et, de chaque côté de cette ligne, irait en décroissant jusqu'aux pôles. Mais la terre n'est point cette sphère polie, éclairée d'une manière toujours égale par les rayons du soleil. Elle est illuminée d'une manière différente, suivant les saisons, et les traits de sa surface, aussi harmonieux qu'ils soient dans leur ensemble, n'ont rien de cette symétrie parfaite des figures géométriques. Il en résulte une variété infinie de climats.

Les observateurs ont montré que la température moyenne, si longue à trouver avec certitude à la surface du sol, est indiquée d'une manière permanente, à une profondeur variable, dans le terrain lui-même. En effet, les couches solides qui composent la partie extérieure' du globe ne laissant passer que très-lentement la chaleur, les variations de la température atmosphérique doivent s'atténuer graduellement et s'oblitérer même en entier à une certaine distance de la surface. On peut admettre que, dans le nord de l'Europe, toutes les influences extérieures de la chaleur et du froid ont complétement cessé de se faire sentir à 24 mètres de la surface. D'ailleurs, le point de neutralisation doit être d'autant plus profond que les terrains sont meilleurs conducteurs et plus abondamment percés de pores laissant pénétrer l'air de la surface.

Dans les contrées où l'écart annuel entre la chaleur de l'été et le froid de l'hiver est très-considérable, c'est relativement très-bas dans le sol qu'il faut chercher le point où se neutralisent toutes les variations annuelles; en revanche, dans les pays où les climats des diverses saisons varient à peine, c'est à quelques décimètres de la surface que s'établit l'égalisation de la température annuelle. M. Boussingault a constaté que pour connaître le climat de Colombie et de l'Équateur, il suffit, en certains endroits, de trouver la température du sol à 5 ou 6 décimètres de profondeur.

Pris dans son ensemble, l'hémisphère du nord reçoit certainement une plus grande quantité de chaleur que l'hémisphère du sud. Le système des climats, de même que ceux des vents et des courants, est attiré vers le nord ; c'est dans le désert de Sahara, vers le vingtième degré de latitude septentrionale, que passe l'équateur thermique de la terre. Suivant Duperrey, il y aurait un écart d'environ 1 degré dans la température moyenne des deux moitiés du monde. Il est probable que la cause première de ce contraste des climats entre les deux hémisphères est de nature astronomique, et provient de la différence de durée que présentent les deux moitiés de l'orbite planétaire.

Par suite de l'inclinaison de la planète sur son axe, il se trouve que le nombre des heures de jour est actuellement plus considérable que celui des heures de nuit au nord de l'équateur, tandis qu'au sud ce sont les heures de nuit qui sont les plus nombreuses. En outre, les mers du sud étant l'aire principale d'évaporation, et les continents du nord recevant la plus grande quantité des pluies, il en résulte qu'ils reçoivent aussi une partie du calorique entraîné par les vapeurs de l'Océan.

S'il y a contraste de température entre le nord et le midi du monde, l'opposition n'est pas moins marquée entre l'est et l'ouest des continents. A égale latitude, les côtes de la Californie et de l'Orégon jouissent d'un climat beaucoup plus doux que celui du Japon et de la Mantchourie. Quant à l'Europe occidentale, son atmosphère est aussi tempérée que l'est celle des côtes orientales de l'Amérique du Nord, à 20 degrés de latitude plus près de l'équateur. Les causes qui adoucissent ainsi le climat des rivages occidentaux dans les deux continents du nord sont dues aux courants atmosphériques et maritimes. Tandis que les vents polaires prédominent sur les côtes américaines du Labrador, du Canada, du Maine, et sur celles de la Sibérie dans l'ancien monde, les vents équatoriaux soufflent plus fréquemment sur les rivages opposés. En outre, des courants tièdes coulent dans l'Atlantique et

le Pacifique boréal au-dessous de ces vents du sud-
ouest, et les deux courants superposés dégagent
constamment leurs effluves de chaleur sur les terres
qu'ils baignent de leurs ondes. L'Europe surtout
est favorisée sous ce rapport : non-seulement elle
est réchauffée à l'ouest par les courants d'eau et les
contre-alizés venus de l'équateur; mais, grâce au
large espace libre de terres dans lequel les tièdes
flots des mers tropicales peuvent s'étaler au nord
du continent, elle est moins refroidie par les vents
polaires que l'Amérique boréale, aux mers obstruées
d'îles neigeuses.

Un autre grand contraste des climats est celui que
présentent les rivages de la mer et les régions situées sous la même latitude, à l'intérieur des continents. Par suite du mélange incessant des eaux qui
s'opère dans son bassin, la mer égalise les températures; elle n'a pas de degré de latitude, pour
ainsi dire; elle mêle les climats et maintient dans la
marche des saisons une allure beaucoup plus doucement graduée qu'elle ne l'est sur les terres éloignés de l'Océan. Ce contraste est grand surtout
entre les îles environnées de vapeurs marines,
comme l'Irlande ou la Grande-Bretagne, et les régions tout à fait continentales, situées, comme les
steppes de la Tartarie ou les plateaux de l'Asie centrale, à plus de 1,000 kilomètres des rivages de l'O-
céan. Tandis que dans l'Irlande, baignée par les eaux
du Gulf-stream, une température comparativement
fraîche en été, tiède en hiver, entretient une végétation constante et transforme l'île en une « émeraude des mers, » les steppes des Bachkirs, situés
sous la même latitude, sont tour à tour torréfiés par

la chaleur et glacés par le froid, et la végétation y
est des plus pauvres.

II

Humboldt, le premier, il y a cinquante ans, eut
l'idée de réunir tous les points de la terre où la
moyenne des températures qui se succèdent pendant l'année donne le même nombre de degrés de
chaleur : ces lignes idéales, tracées sur la rondeur
de la planète, s'appellent *isothermes* et donnent
la latitude thermique, bien différente de la latitude
géométrique. En effet, au lieu de contourner la
terre en lignes parallèles, les isothermes s'infléchissent en d'innombrables sinuosités, suivant la direction des courants atmosphériques et maritimes,
la hauteur de la contrée, l'orientation des chaînes de
montagnes, la forme des côtes, l'étendue des mers
voisines, la nature du sol, celle de la végétation.

La température moyenne étant plus élevée dans
l'hémisphère du nord que dans celui du sud, il en
résulte que la courbe de l'équateur thermique se
développe presque entièrement au nord de l'équateur géographique. La chaleur moyenne y varie
de 25 à 30 degrés. Au nord de cette ligne, la température diminue irrégulièrement dans la direction
des pôles, en donnant aux isothermes les contours les plus divers. Dans l'hémisphère boréal, les
sinuosités de ces lignes sont beaucoup plus pro-

noncées que dans l'autre moitié du monde. Puisque les rivages occidentaux des continents du nord ont un climat plus doux que les rivages orientaux, les isothermes doivent se développer autour de la terre de manière à former des espèces de vagues dont les crêtes se redressent sur les côtes de l'Europe et de la Californie. Entre New-York et Dublin, où la température moyenne est la même (10°), la différence de latitude est de 13 degrés; elle est de 16 degrés, près de 1,800 kilomètres, entre Québec et Trondhjem, où passe l'isotherme de 4 degrés centigrades.

La direction générale des courbes rend très probable qu'il existe dans l'hémisphère boréal, non pas un seul, mais deux pôles de plus grand froid, véritables pôles météorologiques, se déplaçant incessamment suivant les alternatives des saisons, mais se maintenant dans toutes leurs oscillations à plusieurs centaines de kilomètres de distance du pôle géométrique. L'un de ces pôles de froid se trouverait au nord du continent d'Asie, non loin de l'archipel connu sous le nom de Nouvelle-Sibérie, et la température moyenne en serait de — 17 degrés environ. L'autre pôle oscillerait au milieu des îles occidentales de l'archipel polaire américain, et le froid y dépasserait — 19 degrés. Probablement, l'hémisphère antarctique a aussi deux pôles de froid. Les régions dont le climat est le plus rigoureux seraient donc situées sous des latitudes que l'homme a déjà visitées, et par conséquent se trouve justifié l'espoir de ceux qui ne croient point le pôle proprement dit inabordable.

L'écart total observé sur divers points de la terre

entre les extrêmes de froid et de chaud est d'environ 130 degrés. En effet, à Nijni-Udinsk en Sibérie, on a observé l'extrême froid de — 62º,5', tandis que M. Duveyrier, voyageant dans le pays des Touaregs, a vu la colonne thermométrique indiquer une chaleur de + 67º,7. Déjà sur un même point de la terre, notamment dans les plaines de l'Amérique du nord et dans le désert de Sahara, les températures les plus élevées et les plus basses offrent parfois, dans le cours de l'année, l'écart énorme de plus de 80 degrés. En France, pays qui représente une sorte de moyenne par un grand nombre de ses traits physiques, l'écart entre les froids les plus vifs et les chaleurs les plus fortes atteint rarement 50 degrés, et dans les années ordinaires ne dépasse point 45 divisions du thermomètre centigrade. Bien plus égaux encore sont les climats où l'action modératrice des eaux marines est préponderante; ainsi les climats de Surinam, des Canaries, de Madère.

De cet écart plus ou moins grand des températures dans les diverses contrées du monde, il résulte que les lignes d'égale chaleur pour chaque saison, et surtout celles de chaque mois, sont beaucoup sinueuses que les isothermes de l'année. On donne le nom d'*isothères* aux lignes qui relient toutes les localités où la température de l'été s'équilibre autour du même degré de chaleur; les *isochimènes* sont les courbes tracées à travers les régions qui présentent en moyenne la même température hivernale. On pourrait aussi couvrir les cartes de lignes *isoères*, ou d'égale température de printemps, de lignes *isoméloporès*, ou d'égale température d'automne, et dessiner même, à travers les continents et les mers, des *isomènes*, ou courbes de chaleur moyenne pour chaque mois de l'année.

La direction suivie par les isothères et les isochimènes en Europe et dans l'Amérique du nord est un exemple singulièrement frappant de l'influence que

Fig. 36. — Climat des îles britanniques.
Lignes isochimènes.

l'inégale répartition des terres et des mers exerce sur les climats. En été, alors que l'hémisphère boréal est incliné vers le soleil et reçoit la plus grande quantité de chaleur, les contrées situées à l'intérieur des continents du nord sont beaucoup plus échauffées que les pays riverains de la mer ; pendant la saison des froids,

c'est le contraire : les vents et les courants qui viennent de la zone équatoriale tempèrent la rigueur du
climat dans le voisinage des côtes, tandis qu'au loin,
dans les espaces continentaux, l'influence attiédis-
sante de l'Océan et des courants aériens du sud se

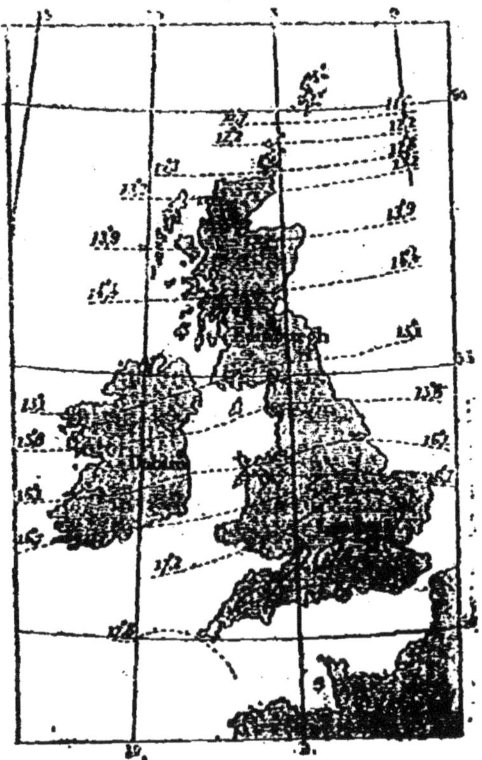

Fig. 37. — Climat des îles britanniques.
Lignes isothères.

fait beaucoup moins sentir. En conséquence, les
isothères se recourbent vers le nord dans les deux
masses septentrionales de l'ancien et du nouveau
monde, et s'infléchissent au sud en traversant l'A-
tlantique et le Pacifique ; par contre, les isochimènes se reploient au sud dans leur passage par les

continents d'Amérique, d'Europe, d'Asie, et se reportent en certains endroits à plus de 1,000 kilomètres vers le nord. Dans la Grande-Bretagne surtout, cette opposition des climats d'hiver et d'été est extrêmement remarquable (fig. 36 et 37). L'influence bénigne du Gulf-stream et des vents d'ouest va même, ainsi que le montre la figure 36, jusqu'à reployer complétement les lignes isochimènes, qui se développent ainsi du sud au nord, au lieu de courir de l'ouest à l'est, parallèlement aux degrés de latitude.

Le décroissement de chaleur qui s'observe sur les montagnes, de la base au sommet, est analogue à celui qui s'opère de la zone torride à la zone glaciale. C'est à la raréfaction des couches d'air dans les hauteurs qu'il faut attribuer la diminution correspondante de température. Les recherches et les expériences des physiciens ont prouvé que l'air laisse passer les rayons lumineux beaucoup plus facilement que les rayons obscurs : il résulte de ce fait que la chaleur versée journellement par le soleil traverse en grande partie toute l'épaisseur des airs pour aller réchauffer la surface de la planète, tandis que la chaleur rayonnant du sol durant les nuits ne peut s'échapper dans l'espace qu'en petites quantités. Les couches inférieures de l'atmosphère agissent comme de véritables écrans pour arrêter les rayons émanés de la surface terrestre et prévenir ainsi le refroidissement de la planète. Toutefois les pentes et les cimes des montagnes sont par cela même privées, en proportion de leur hauteur, des effluves qui réchauffent les plaines situées à leur base; elles s'élèvent en des espaces d'autant plus refroidis que ceux-ci sont

plus éloignés verticalement des couches d'atmosphère épaisse étendues au-dessous.

Quelle est, en moyen-
ne, la proportion suivant
laquelle la chaleur s'a-
baisse de la base au som-
met des montagnes ?
Il est difficile de l'é-
tablir d'une manière
exacte.

On peut dire d'une
façon générale, avec
Helmholz, que la cha-
leur diminue de bas en
haut de 1 degré centi-
grade par intervalles de
160 mètres en été et de
240 mètres en hiver,
sur les flancs des mon-
tagnes de la Suisse ;
pour l'année entière,
d'après M. Charles Mar-
tins , les intervalles
moyens seraient de 172
à 173 mètres. Depuis,
le résumé de toutes les
observations connues a
fourni à M. Mühry un
chiffre plus élevé, celui

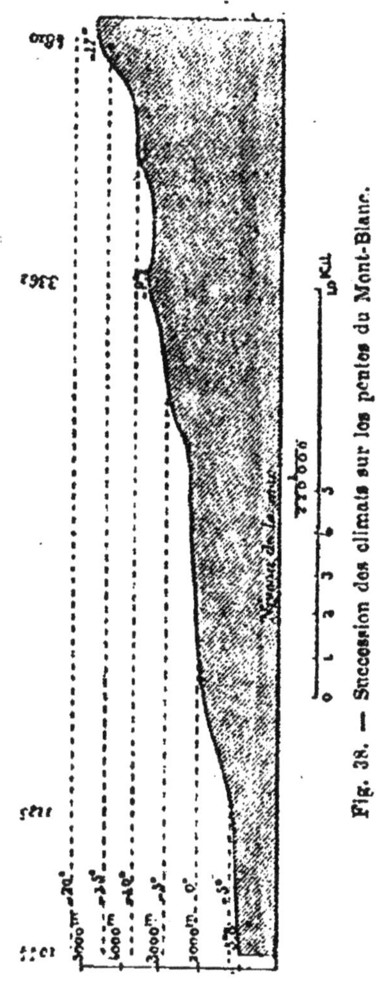

Fig. 38. — Succession des climats sur les pentes du Mont-Blanc.

de 200 mètres par degré centigrade. Du reste, chaque
montagne diffère sous ce rapport, et sur les cimes
isolées, comme le Ventoux, les climats superposés
sont beaucoup plus rapprochés les uns des autres

que sur les flancs des hauteurs qui font partie de
vastes systèmes montagneux (fig. 38).

III

Le magnétisme terrestre. — Déclinaison, inclinaison, intensité
des mouvements de la boussole. — Pôles et équateur magnétiques. — Variations séculaires, annuelles, diurnes des
courants.

L'incessante mobilité qui est le caractère de tous
les phénomènes du climat se manifeste surtout
d'une manière étonnante par les oscillations perpé-
pétuelles des courants magnétiques. Sous l'influence
de la chaleur du soleil qui donne la vie à notre globe,
celui-ci est devenu un aimant gigantesque; des courants d'électricité, dont Ampère a découvert la
marche incessante de l'est à l'ouest, en sens inverse
du mouvement de rotation du globe, entourent la
surface terrestre comme d'une immense hélice et
maintiennent entre les deux pôles une activité magnétique exactement semblable à celle qui se produit à la surface d'une boule autour de laquelle sont
enroulés des fils de métal.

Dans les premiers temps, on croyait que cette
aiguille se dirige constamment vers l'étoile polaire
ou plutôt vers le pôle de la planète; mais les pilotes
qui mettaient hardiment le cap sur les Canaries et
sur l'Islande, et même ceux de la Méditerranée,
purent constater que la pointe de la boussole n'indique point invariablement le nord, et qu'elle s'é-
carte à droite ou à gauche, suivant les latitudes,
d'un nombre de degrés plus ou moins grand. En 1268,
elle se dirigeait de 7 degrés et demi vers l'est, à

Lucera, dans l'Italie méridionale, ainsi que le signala Pierre Pélerin de Maricourt. Ces positions obliques, à droite ou à gauche de la ligne du méridien, sont connues sous le nom de *déclinaison*.

En 1576, l'Anglais Norman vit le premier que l'aiguille n'occupe point une position horizontale sous les latitudes de l'Europe. Que l'on remonte vers le pôle magnétique du nord, et l'extrémité septentrionale de l'aiguille plongera de plus en plus dans la direction du sol; sur le pôle même, elle sera tout à fait droite. Que l'on descende au contraire vers le sud, et la boussole deviendra de moins en moins oblique à l'horizon, puis, sur une ligne idéale qu'on appelle l'équateur magnétique, elle sera parfaitement parallèle au sol, pour se pencher au-delà, par son extrémité méridionale, et s'incliner de plus en plus jusqu'au pôle magnétique du sud, où la pointe d'acier sera complétement perpendiculaire : c'est là le phénomène désigné par le nom d'*inclinaison*.

Ce n'est pas tout. Que l'on fasse dévier l'aiguille de sa direction normale. et, pour y revenir, elle oscillera plus ou moins rapidement, suivant les parties de la terre où elle se trouve. Ces oscillations, analogues à celles du pendule, révèlent la plus ou moins grande intensité des courants qui se produisent dans les diverses contrées, et varient de lieu en lieu, comme la déclinaison et l'inclinaison. D'ailleurs, ces différences locales elles-mêmes n'ont rien de permanent. Il n'y a pas deux instants de l'année où les mouvements de l'aiguille à la surface de la terre soient identiques.

Les pôles vers lesquels se dirige la boussole dans

les deux hémisphères errent constamment autour des pôles astronomiques de la planète, et ce n'est jamais au même point qu'il faut en chercher la position précise. En 1832, le capitaine John Ross, naviguant alors au milieu de l'archipel boréal de l'Amérique du nord, arriva dans le voisinage de cette région centrale d'attraction magnétique, puisque la pointe de son instrument était dirigée dans un sens presque vertical à la terre. Ce point vers lequel convergeaient tous les courants magnétiques de l'hémisphère septentrional, était situé dans la presqu'île de Boothia-Félix, à près de 20 degrés au sud du pôle terrestre (70°, 5' N.), et à plus de 99 degrés à l'ouest du méridien de Paris; depuis cette époque, il s'est probablement déplacé de quelques degrés vers l'est. C'est vers ce point de la terre que l'on voit se diriger les fusées des aurores boréales. En Norvége, c'est au nord-ouest qu'on se tourne pour voir les aurores polaires; en Groënland, elles se montrent directement à l'ouest; à l'île Melville, Parry les a contemplées à l'horizon du sud. Le pôle magnétique du sud n'a été reconnu jusqu'à nos jours par aucun navigateur : d'après les calculs de Duperrey, de Gauss et d'autres savants, il se trouverait probablement à 14 degrés 55 minutes du pôle antarctique, au sud du continent d'Australie. Les deux points d'attraction de la boussole ne seraient donc pas antipodiques l'un à l'autre.

Quant à l'équateur magnétique, qui est la ligne où la boussole se maintient parfaitement horizontale à la surface de la terre, la courbe ne s'en confond pas plus avec l'équateur de rotation que les pôles magnétiques ne se confondent avec les extrémités de l'axe planétaire. On peut dire, d'une manière générale, qu'elle se replie vers le nord dans les continents de l'ancien monde, et vers le sud dans le nouveau monde. De nos jours, cette ligne déplace lentement de l'est à l'ouest ses points de croisement avec l'équateur terrestre.

Les courbes tracées par les méridiens magnétiques entre les deux pôles sont aussi fort irrégulières. Il en est de même des lignes dites *isogones* qui relient, à droite et à gauche des lignes où la boussole se dirige exactement vers le nord, tous les points du globe où l'aiguille aimantée forme un même angle avec le méridien terrestre. Les lignes *isoclines* ou d'égale inclinaison, et les lignes *isodynamiques* ou d'égale intensité, sont également sinueuses et ne cessent de se déplacer à l'est, à l'ouest, au nord, au sud. À Paris, lors des premières observations faites régulièrement sur le magnétisme terrestre, la déclinaison de la boussole était orientale; en 1580, elle atteignait même 11 degrés 31 minutes à l'est du méridien. En 1663, l'aiguille aimantée se dirigeait exactement vers le nord. Puis la déclinaison vers l'ouest ne cessa d'augmenter pendant plus d'un siècle et demi, jusqu'en 1814, époque à laquelle l'angle formé par la boussole avec le méridien terrestre n'était pas moindre de 22 degrés 34 minutes. De nos jours, l'aiguille rétrograde vers le méridien, et le 1er janvier 1869, l'angle était seulement de 17 degrés 50 minutes; le recul est donc en moyenne de près de 5 minutes par an; mais il s'est accompli d'une manière très-inégale. On ne saurait douter que ces oscillations séculaires du courant magnétique ne fassent partie d'un cycle dont la durée correspond avec celle de quelque grand phénomène astronomique. D'après M. Chazallon, cette période serait pour Paris de 488 ans, et l'aiguille aimantée se dirigerait de nouveau exactement vers le nord en l'année 2151. Actuellement, la ligne sans déclinaison qui traverse l'ancien monde passe près de Moscou ; celle du nouveau monde traverse les États-Unis, non loin de Philadelphie et de Washington.

Pendant que s'accomplit cette longue variation séculaire, l'aiguille ne cesse d'être agitée par des oscillations à périodes plus courtes. Celles qui s'achèvent dans le cours d'une année se rattachent d'une manière évidente à la position de la terre relativement au soleil, car ses diverses phases coïncident avec les équinoxes, les solstices et tous les changements brusques des saisons. Dans ses variations diurnes, dont l'amplitude observée oscille entre 5 et 25 minutes, l'aiguille se dirige de l'est à l'ouest entre huit heures du matin et une heure de l'après-midi ; puis elle retourne dans la direction de l'est, et vers dix heures, elle occupe à peu près la même position que le matin.

IV

Influence des climats sur la flore. — Richesse croissante des flores dans la direction des pôles à l'équateur. — Zones de végétation. — Étages de végétation sur les pentes des montagnes. — Aires des plantes.

Les diverses conditions du climat, température, lumière, humidité, direction et force des vents, marche des courants maritimes, courants magnétiques, influent sur la distribution des plantes à la surface de la terre.

Le fait capital dans cette répartition des végétaux sur le pourtour du globe est la richesse croissante des flores dans la direction des pôles vers l'équateur. Ainsi l'île de Spitzberg, la mieux explorée des terres de la zone glaciale, a seulement quatre-vingt-dix espèces; tandis qu'à surface égale, la Silésie en a treize cents, la Suisse deux mille quatre cents, et que la Sicile, d'une étendue moins considérable, en possède deux mille six cent cinquante. Il est vrai qu'en beaucoup de contrées de la zone tropicale, on constate des exceptions à cette loi de l'augmentation des espèces vers l'équateur; mais toutes ces exceptions peuvent être facilement expliquées par le sol et les climats locaux.

Unger a proposé de partager la surface de la terre en différentes zones de végétation suivant les climats. La zone polaire boréale, comprend l'archipel Glacial de l'Amérique, le Groenland, le Spitzberg, la Sibérie du Nord. Les forêts y manquent totalement; ainsi que le dit Linné, les lichens, « les derniers des végétaux, y couvrent la dernière des terres. » En Islande ne croît plus le froment; les arbustes n'y sont que des broussailles; un mûrier solitaire qui pousse à l'abri d'une muraille, à Akreyri, est nommé avec orgueil par les insulaires « l'arbre. » Au sud de cette zone polaire s'étend une autre zone, dite arctique, où se montrent les premiers arbres et les premières cultures. Vient ensuite la zone subarctique de l'Amérique anglaise et de la Russie du Nord, caractérisée par les tourbières et les forêts de pins, de sapins, de mélèzes, de bouleaux. La zone tempérée froide, dont la limite méridionale se trouve vers le 45ᵉ de latitude, présente également des régions à tourbières et à forêts, mais elle est aussi le territoire par excellence pour les prairies, et ses bois se composent des espèces les plus variées. Dans la zone tempérée chaude, les prairies deviennent plus rares, tandis que les espèces arborescentes gagnent encore en splendeur et en éclat. Les palmiers, les bananiers font leur apparition dans la zone subtropicale; mais c'est aux tropiques et à l'équateur que la végétation se développe dans toute sa richesse. Au sud de la ligne équinoxiale, les flores se succèdent dans un ordre inverse jusqu'au pôle antarctique. D'ailleurs, on le comprend, ces divisions sont en grande partie arbitraires, et en réalité, les transitions s'opèrent de zone à zone d'une manière insensible. Une des zones les plus tranchées se trouve précisément partagée en deux par un vaste bassin maritime. C'est la zone de végétaux qui entoure la Méditerranée tout entière, du golfe du Lion au delta du Nil. La flore méditerranéenne est ainsi une étroite bande circulaire de 8,000 kilomètres de développement (fig. 39).

Par suite de l'abaissement graduel de la température sur les pentes des montagnes, des zones de végétation analogues à celles qui se succèdent de l'équateur au pôle sur la rondeur du globe s'étagent de la base au sommet des monts. Pour la flore comme pour le climat, on croirait marcher dans la direction du cercle polaire, à mesure qu'on s'élève sur les flancs d'un pic à une plus grande altitude au-dessus des plaines; seulement les intervalles de climat que l'on mettrait des jours à franchir en voyageant vers le pôle, on les traverse en quelques minutes d'ascension, puisque dans les montagnes, une hauteur de 160 à 240 mètres correspond en moyenne à 1 degré de latitude.

C'est en gravissant les montagnes isolées qui bai-

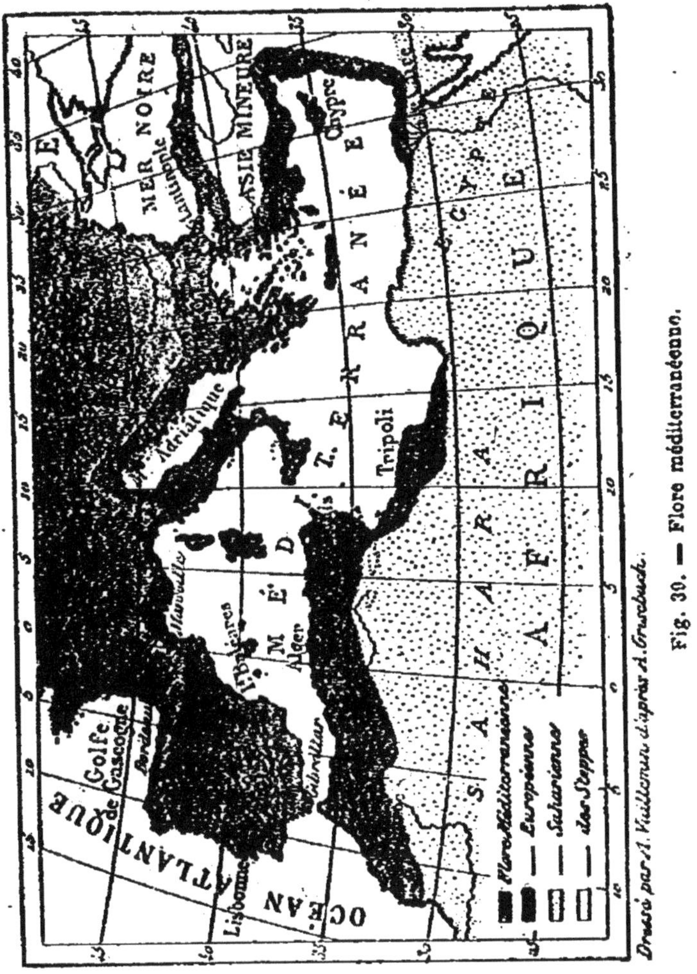

Fig. 30. — Flore méditerranéenne.

gnent dans une atmosphère où les phénomènes météorologiques s'accomplissent avec une grande régularité, que l'on observe le mieux l'étagement des flores. Parmi les monts qui peuvent servir de types pour la distribution des zones de végétation, on cite le pic de Teyde, dans l'île de Ténériffe (fig. 40). En descendant des hauteurs du volcan, dans la direction d'Orotava, on ne voit d'abord que des *retamas*, et toujours des *retamas*, espèce de genêt grisâtre, qui se complaît dans les sols de cendres et de débris. Tout à coup une nouvelle plante apparaît, c'est une bruyère, et bientôt on est de tous les côtés entouré de bruyères : les *retamas* ont complétement disparu. Un vieux pin solitaire marque la ligne de démarcation nettement tranchée qui sépare, sur le flanc de la montagne, la zone des plantes à teinte sombre de celle des plantes verdoyantes. A mesure que l'on descend, les bruyères sont plus hautes et plus pressées, puis elles se mêlent aux fougères; vers 1,200 mètres d'altitude, des lauriers se dressent çà et là au milieu des broussailles de plus en plus épaisses, et le sol volcanique se recouvre de gazon. Au-dessous de 1,000 mètres com-

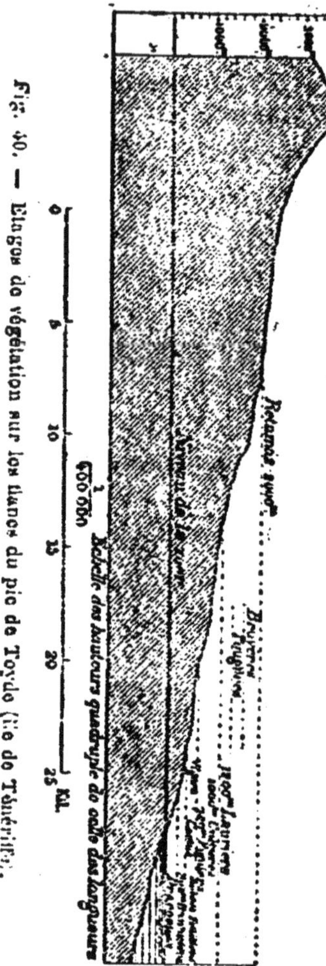

Fig. 40. — Étages de végétation sur les flancs du pic de Teyde (île de Ténériffe).

mencent les cultures, les lupins, le blé, quelques légumes; on aperçoit des ronces croissant au bord du sentier. A 720 mètres, se trouve le premier figuier, puis on entre dans la région des vignes, des cactus et des arbres fruitiers; à 300 mètres, on pénètre enfin dans la zone subtropicale, indiquée par les bananiers et les dracœnas.

Pareille succession de flores distinctes peut s'observer également, quoique moins complète, sur les montagnes de la zone tempérée. C'est dans les Alpes surtout que les botanistes ont fait leurs recherches comparatives sur les étages de végétation; mais, on le comprend, les hauteurs respectives de ces étages varient suivant la forme, l'exposition, la hauteur des montagnes, la nature des rochers, l'humidité du sol, l'abondance des neiges.

Au nord de la Suisse, le hêtre ne dépasse point l'altitude de 1,300 mètres, et l'épicéa s'arrête à 1,800 mètres. Dans le groupe du Mont-Rose, la même essence forestière, qui se rapproche le plus de la zone des neiges persistantes, monte jusqu'à 2,000 mètres sur le versant septentrional, tandis que, sur le versant opposé, le mélèze, encore plus hardi, atteint sa limite supérieure à 2,270 mètres. Plus haut, on ne voit que les troncs bizarrement contournés de quelques pins *mugho*, des rhododendrons, des saules herbacés, des genévriers, puis toute végétation se fait humble et s'attache au sol pour échapper au souffle glacial du vent et se laisser recouvrir en hiver d'une couche protectrice de neige. Jusqu'au bord des glaciers, jusqu'aux névés, croissent des plantes phanérogames; même à 3,500 mètres, on voit des androsaces, des gentianes, des saxi-

frages et le charmant carnillet aux fleurs roses gracieusement blotties dans un coussin de mousse
verte; au milieu de l'été, des flocons fraîchement
tombés recouvrent parfois à demi les humbles plantes : on dirait que la neige est veinée de sang. Enfin,
les rochers les plus élevés sont couverts çà et là
comme d'une rouille par les lichens, et souvent les
neiges elles mêmes sont nuancées en rouge, en vert,
en jaune sale, par une flore de cryptogames rudimentaires.

De même que sur la pente de la montagne, de
même aussi sur les étendues unies, chaque plante
a son domaine spécial, déterminé non-seulement par
la nature du sol, mais aussi par les diverses conditions du climat. L'influence prépondérante est naturellement celle de la température; cependant il
faut se garder de croire, comme la plupart des
botanistes le faisaient encore récemment, que les
frontières de la zone de végétation de chaque plante
sont marquées sur les continents par les sinuosités
des isothermes. En effet, les diverses espèces ont
chacune besoin d'une quantité différente de chaleur et se réveillent à des époques diverses après le
grand sommeil ou l'engourdissement de l'hiver. En
outre, la sécheresse ou l'humidité relative des diverses contrées sont aussi parmi les causes principales
de la délimitation des espèces : un air trop pluvieux
noie la plante, pour ainsi dire; le manque de vapeurs
aériennes la brûle. La lumière, aussi bien que la
chaleur, est un élément des plus importants dans la
vie des espèces végétales; on le constate sur tous
les sommets du midi de l'Europe, les plantes alpines
se contentent, pour se développer et mûrir, d'une

quantité de chaleur beaucoup moindre que les espèces congénères des plaines situées à une grande
distance au nord. Enfin, un autre fait, bien moins
étudié, mais peut-être non moins considérable que
celui de la chaleur, contribue à l'inégale répartition
des plantes : c'est le pouvoir chimique des rayons
solaires.

La différence extraordinaire que présentent les
flores de deux pays voisins dont la température est
sensiblement la même, doit, en un grand nombre
de cas, s'expliquer surtout par l'énorme influence
qu'exerce l'état du ciel. Ainsi, les arbres à fleurs ne
croissent pas dans les Ferœer, et l'on y voit seulement des broussailles et de maigres arbustes, bien
que la température soit d'un seul degré inférieure à
celle de Carlisle, en Angleterre, où la végétation forestière offre encore de si belles proportions. C'est
que les rayons du soleil, qui passent à travers les
brumes de l'Angleterre, sont en très-grande partie
absorbés par ces intenses brouillards des Ferœer,
que le vieux Pytheas croyait être une sorte de
« poumon marin, » où l'air, l'eau et la boue se mé-
langeaient confusément. Peut-être aussi est-ce à
une plus grande force chimique et lumineuse déve-
loppée pendant de plus longs jours, qu'il faut attribuer la singulière rapidité avec laquelle les végétaux du nord se dénouent de leur sommeil d'hiver
lors de la soudaine invasion du printemps. En quelques jours, tous les arbres sont couverts de bour-
geons et de feuilles, tandis que des mois s'écoulent,
sous les latitudes plus méridionales, entre le réveil
des espèces différentes. A Pétersbourg, sous le 60e
degré de latitude septentrionale, on a constaté que

le bourgeonnement des bouleaux, première crise de la vie printanière, précède celui du tilleul de 5 jours et la floraison de l'alchémille commune de 18 jours seulement, tandis qu'à Breslau, situé à 8 degrés plus au sud, les intervalles sont respectivement de 15 et de 51 jours. « Plus on avance vers le nord, dit Alphonse de Candolle, plus la lumière remplace utilement la chaleur. »

Il ressort des nombreuses études comparatives de ce savant que la forme générale de l'aire occupée par chaque plante est celle d'une ellipse, un peu allongée de l'est à l'ouest sous les latitudes tempérées, et du nord au sud sous les latitudes tropicales : cette disposition ordinaire est facile à comprendre, car, dans les diverses zones, le grand diamètre de l'ellipse doit indiquer la direction dans laquelle le climat offre le plus d'égalité sur une étendue plus considérable. L'aire moyenne des espèces est d'autant plus vaste qu'elles ont une organisation plus simple et qu'elles semblent avoir plus d'ancienneté. Ainsi, les cryptogames, qui sont les plantes les moins développées, occupent la surface la plus grande. De même, les espèces marines ont une aire moyenne plus étendue que celle des espèces terrestres; les herbes ont une habitation plus vaste que celle des arbres; enfin les phanérogames annuels ont une patrie de plus larges dimensions que les phanérogames vivaces et ligneux : « L'aire des plantes est en raison inverse de la complication de leur structure. » Aucune espèce phanérogame, pas même l'ortie ni le pourpier, les plus fidèles parmi les compagnons de l'homme, ne peuple la terre entière. On compte seulement dix-huit espèces qui se montrent à la

fois sur la moitié de la surface terrestre, et le nombre total de plantes connues qui occupent chacune
un tiers du globe n'est évalué qu'à cent dix-sept.
En revanche, il est des végétaux que les botanistes
n'ont encore découverts que dans un seul ravin ou
sur un promontoire isolé.

V

Influence des climats sur la faune. — Aires des espèces animales. — Accroissement des espèces des pôles à l'équateur. — Étagement des faunes sur les montagnes.

Les animaux, comme les plantes, dépendent de
toutes les conditions du climat ; la chaleur et le froid,
la lumière et les ténèbres, la sécheresse et l'humidité, les influent diversement et leur donnent une
aire d'habitation nettement limitée. Toutefois, un
grand nombre d'espèces animales ont un privilége
sur les végétaux : tandis que ceux-ci ne peuvent
fuir spontanément devant un climat contraire, les
animaux, doués de locomotion, peuvent, individuel-
lement ou en familles, changer de milieu pour retrouver la température qui leur convient. Des centaines
d'espèces d'oiseaux, des poissons, de nombreuses
tribus d'insectes, émigrent chaque année, et peuvent
ainsi, grâce aux deux patries qu'ils habitent tour
à tour, jouir de toutes les conditions de climat favorables à leur bien être.

Quoique le privilége de la locomotion permette à
nombre d'animaux d'agrandir considérablement leur
domaine, les espèces n'en restent pas moins soumi-
ses aux conditions du climat, et toutes ont une aire
d'habitation limitée, soit vers le pôle par la rigueur

du froid, soit vers l'équateur par la trop grande chaleur. Chaque climat a sa faune particulière. Que le froid ou la chaleur s'accroissent dans une contrée, que les vents y deviennent plus ou moins forts, que les pluies augmentent ou diminuent, que le sol se renouvelle par un apport d'alluvions fluviales ou se sature de sel par une irruption de la mer, qu'un marécage se forme ou se dessèche, et beaucoup d'espèces animales avanceront ou reculeront pour trouver les conditions d'existence qui leur sont le plus favorables.

Les naturalistes appliquent d'ordinaire le mot de faune à un ensemble d'espèces habitant une vaste région géographique, en dehors de laquelle la grande majorité des formes a complétement changé. Du reste, les savants sont loin d'être d'accord sur les limites de ces régions, car ces frontières n'ont point d'existence réelle et, dans la multitude des êtres vivants dont les aires d'habitation se mêlent et s'entre-croisent, il en est beaucoup qui appartiennent à la fois à plusieurs domaines. Schmarda compte 21 grandes faunes terrestres, en y comprenant celles de Madagascar, de l'archipel de la Sonde et des îles de l'Océanie. Agassiz énumère seulement 8 faunes principales : l'arctique, la mongole, l'européenne, l'américaine, l'africaine, l'hottentote, la malaise et l'australienne.

La plus grande analogie entre les deux séries organiques se trouve aussi dans leur ordre de répartition sur la rondeur du globe. Toutes les régions circumpolaires de l'hémisphère boréal en Amérique, en Europe, en Asie, sont habitées d'espèces identiques ou, du moins, offrant entre elles un grand air de famille ; une même flore, une même faune occupent les extrémités convergentes des continents ; mais vers le sud, à mesure que les lignes de latitude agrandissent leurs cercles, et que l'ancien et le nouveau monde s'éloignent l'un de l'autre, l'ensemble des êtres vivants qui les peuplent, animaux et plantes, diffère de plus en plus. Le nombre des organismes communs aux terres séparées par l'Atlantique et par le Pacifique diminue graduellement, et dans les régions tropicales, le contraste finit par devenir complet. En même temps, espèces animales et végétales deviennent de plus en plus nombreuses dans la direction du pôle à l'équateur. Au Spitzberg, M. Charles Martins a trouvé seulement 4 mammifères terrestres, 22 espèces d'oiseaux, dont 21 de passage, 10 poissons, 23 insectes et 15 mollusques. Il est vrai que, si les terres arctiques sont pauvres en espèces, ces espèces elles-mêmes ont, pour la plupart, des représentants en nombre immense. Sur tous les promontoires et dans tous les fjords des Hébrides, des Shettland, des Feroeer, de la Norvége, du Spitzberg, de la Nouvelle-Zemble, sur les « montagnes à oiseaux » des Lofoden, les assises des rochers, pareilles aux gradins des amphithéâtres, sont occupées à perte de vue par des rangées de volatiles pressés comme les soldats d'une armée.

Au sud de ces régions boréales, la quantité des espèces, des genres, des familles, est décuplée ou même centuplée, et dans les contrées équatoriales, où la végétation a toute sa fougue et toute sa richesse, la faune montre aussi une merveilleuse variété d'organismes et ses types les plus beaux de couleur et d'éclat. Un seul naturaliste, Bates, a rapporté, après une séjour de onze années sur les bords de l'Amazone, un trésor zoologique de 14,712 animaux divers, dont 8,000 non encore décrits; et combien en reste-t-il encore à découvrir, surtout parmi les insectes et les vermisseaux! Wallace, pendant six années de courses dans l'archipel Malais, a recueilli 125,000 échantillons, plus de 8,000 espèces de papillons et d'insectes. D'après Agassiz, le fleuve des Amazones possède à lui seul de 1,800 à 2,000 espèces de poissons, deux fois plus que la Méditerranée, et plus que l'immense bassin de l'océan Atlantique. Et pourtant ce grand cours d'eau offre, de Tabatinga à Macapa, la même température, les mêmes conditions physiques et coule sous la même latitude.

L'étagement des climats dans les hauteurs de l'air, analogue à leur succession dans la direction des pôles, a pour conséquence nécessaire une diminution rapide des animaux, des plaines fertiles de la base aux sommets neigeux des monts. Que le naturaliste gravisse quelque grande cime isolée de la zone torride, et il verra diminuer promptement le nombre des espèces animales, exactement comme s'il voyageait vers les régions tempérées, puis vers celles du pôle. Enfin, en arrivant à la limite inférieure des neiges persistantes, où la végétation disparaît presque entièrement, il ne reste non plus que fort peu de représentants du monde animal, et ceux qui vivent encore dans ces hautes régions sont pour la plupart des êtres imperceptibles, comme les animalcules de la neige, ou de petits quadrupèdes qui s'enfouissent dans le sol, comme le campagnol découvert au sommet des Alpes. Et non-seulement

les espèces diminuent graduellement sur le flanc
des montagnes, ce qui pourrait s'expliquer du reste
par le manque de nourriture, l'accroissement du
froid, la raréfaction de l'air ; mais aussi les animaux
des hauteurs ne sont plus les mêmes que ceux des
pentes basses : par la forme, le pelage, les mœurs, ils
rappellent ceux de la zone polaire : les faunes des
Andes et des Alpes ressemblent plus à celles du
Spitzberg qu'à celles des plaines de la base, situées
à peine à quelques milliers de mètres de distance.

VI

Influence des climats sur l'individu et sur les sociétés. — Populations de la zone torride, des déserts, des steppes, des
terres glaciales. — Populations de la zone tempérée.

L'homme, aussi bien que les animaux et les
plantes, dépend des climats et des conditions physiques de la contrée qu'il habite. Quelle que soit la
relative facilité d'allures que nous ont conquise
notre intelligence et notre volonté propres, nous
n'en restons pas moins des produits de la planète :
attachés à sa surface comme de microscopiques
animalcules, nous sommes emportés dans tous ses
mouvements et nous dépendons de toutes ses lois.
Et ce n'est point seulement en qualité d'individus
isolés que nous appartenons à la terre, les sociétés,
prises dans leur ensemble, ont dû nécessairement
se mouler à leur origine sur le sol qui les portait ;
elles ont dû réfléter dans leur organisation intime
les innombrables phénomènes du relief continental,
des eaux fluviales et maritimes, de l'atmosphère
ambiante. Tous les faits primitifs de l'histoire s'ex-

pliquent par la disposition du théâtre géographique sur lequel ils se sont produits : on peut même dire que le développement originaire de l'humanité était inscrit d'avance sur les plateaux, les vallées et les rivages de nos continents. Carl Ritter, le plus grand géographe du siècle, aimait à répéter que la terre constitue le corps de l'humanité, et que l'homme, à son tour, est l'âme de la terre. Sans nous approprier aussi orgueilleusement le globe qui nous a faits, il nous est permis de dire qu'après avoir été longtemps pour lui de simples produits à peine conscients, nous devenons des agents de plus en plus actifs dans son histoire.

Les nombreuses conditions du milieu se mêlant avec la plus grande diversité dans les différents pays du monde, c'est d'une manière tout à fait générale seulement qu'il est possible d'en indiquer l'influence sur les populations. Dans les régions de la zone tropicale, où les grandes chaleurs, unies à une surabondance d'humidité, fournissent abondamment à tous les besoins de l'homme, celui-ci, vivant sans peine et presque sans travail sur le sein de la terre qui le porte, augmente facilement en nombre et peut se développer en populations pressées; mais il reste d'ordinaire sans initiative et sans vigueur. Quant aux contrées brûlantes que n'arrosent pas les pluies, elles sont nécessairement presque désertes à cause de la pauvreté de leur végétation. Les populations qui s'y établissent doivent se grouper comme des essaims dans les oasis, ou dans les vallées humides des montagnes; elles ne se trouvent que rarement en rapport avec le reste de l'humanité. Dans les régions plus tempérées où le sol uni se tapisse d'herbes sur de vastes étendues, les habitants sont aussi fort éloignés, mais ils peuvent se camper tantôt sur un point, tantôt sur un autre; de saison en saison, ils errent dans les plaines avec leurs troupeaux, à la recherche des meilleurs pâturages et des eaux vives. Enfin, les régions trop froides, de même que les déserts, ne peuvent nourrir que des peuplades bien peu nombreuses. Quelques rares habitants égarés dans ces solitudes glaciales, luttent péniblement contre le climat pour lui arracher leur pénible existence.

Quant aux deux zones tempérées, et surtout à celle qui s'étend dans l'hémisphère boréal, ce sont les parties de la surface planétaire qui ont le plus favorisé le développement de la race humaine, et lorsque les peuples plus ou moins civilisés de l'Europe occidentale et de l'Amérique du Nord attribuent orgueilleusement à leur vertu propre les grands progrès accomplis par eux, ils oublient la part immense qui en revient à leur heureux climat.

Le caractère distinctif de la zone tempérée est l'alternative égale et périodique des saisons de chaleur et de froid. Tandis que vers l'équateur la température moyenne varie faiblement, et que, dans la zone glaciale, l'intensité du froid cède à un climat plus doux seulement pendant les quelques semaines d'un été très-court, la froidure et la chaleur se succèdent régulièrement dans l'espace compris entre les deux zones extrêmes, de manière à former deux saisons bien tranchées, suivant la marche du soleil sur l'écliptique. Les peuples des zones tempérées sont bercés par une puissante marée de climats, dont le flux monte de l'équateur vers les pôles pendant le printemps et l'été, et dont le reflux descend des pôles vers l'équateur pendant l'automne et l'hiver. Les extrêmes de température sont toujours séparés par de grands intervalles de semaines et de mois, et c'est par gradations successives que se manifestent les influences contraires. La nature de la zone tempérée revêt tour à tour l'aspect de la joie et celui de la mélancolie : pendant la saison des chaleurs, la terre est gaie et souriante, elle se couvre de fleurs et de feuillage ; en hiver, presque toute la verdure est flétrie, les arbres dessinent sur le ciel les lignes délicates de leurs rameaux desséchés ; souvent le sol se recouvre de neige comme pour faire germer dans le silence et le recueillement les plantes qui doivent s'épanouir à la saison du renouveau.

La diversité des phénomènes du climat et la manière paisible dont ils se suivent en général dans la zone tempérée en ont fait le domaine par excellence de l'humanité. La vie de l'homme se développe mieux que partout ailleurs dans ces régions où le travail de la nature s'accomplit à la fois avec énergie et régularité, où les forces venues de l'équateur et celles qui sont venues du pôle se pénètrent les unes les autres, accroissent par le mélange le nombre de leurs phénomènes, et néanmoins, atténuent mutuellement la violence de leur action. En outre, l'homme s'y trouve incessamment sollicité au travail, car si la nature des régions tempérées est généreuse, elle l'est avec mesure, et seulement pour ceux qui l'étudient et la comprennent. Dès le printemps, il faut cultiver le sol en prévision de l'hiver, et chaque saison doit préparer celle qui suit. Confiant dans la terre bienfaisante, le laboureur apprend à se priver du grain, qui est son existence même, pour voir un jour se lever toute une moisson; par d'incessants et victorieux efforts, il gagne en sagacité, en intelligence, en gaieté, en amour de la vie.

Aussi, dans toutes les contrées de la zone tempérée dont le sol est fertile, bien arrosé, salubre et pourvu de débouchés faciles, de nombreuses populations n'ont pas manqué de s'agglomérer, en dépit des guerres, des tueries, des invasions. L'espace de 3,300 kilomètres de large compris entre le 25° et le 55° degré de latitude septentrionale, espace qui n'est pas même le tiers de la surface terrestre émergée, contient les deux tiers de la population du globe, et c'est là que de nos jours le nombre des habitants s'accroît encore avec le plus de rapidité.

En Asie, c'est dans la partie médiane des régions tempérées que se trouve cette riche « fleur du Milieu, » qui renferme à elle seule plus du quart de la race humaine; à l'autre extrémité de l'ancien monde, c'est également vers le milieu de la même zone, en Belgique, en Angleterre, dans la France septentrionale, que les fourmilières d'hommes se sont le plus rapprochées les unes des autres. La Belgique, le pays qui a la plus forte population relative du monde entier, a près de deux habitants par hectare, au moins vingt fois plus proportionnellement que le reste de la surface continentale.

VII

Variations naturelles du climat pendant l'époque historique. — Espèces animales et végétales disjointes par les changements du climat.

L'étude des climats qui existent actuellement à la surface du globe doit se compléter par celle des changements survenus pendant la période historique. Malheureusement, les premières observations météorologiques datent d'une époque très-rapprochée de nous, et les faits trop peu nombreux où même incertains sur lesquels on s'appuie pour arriver indirectement à connaître le régime de la température dans les siècles antérieurs, n'autorisent point les savants à formuler de lois précises sur la modification des climats. Depuis longtemps déjà, Arago avait essayé d'établir par des considérations très-ingénieuses que, dans l'espace des trente derniers siècles, la Palestine n'a cessé de jouir d'une température de 21 degrés à 21 degrés et demi, car aujourd'hui, comme aux temps de l'histoire des Juifs, la limite septentrionale de la zone où mûrissent les dattiers et la limite méridionale de la zone des vignes coïncideraient sur les bords du Jourdain. Que la température moyenne soit restée à peu près la même dans cette contrée, cela est possible, mais il n'en est pas moins certain que sous d'autres rapports le climat de la Palestine a singulièrement changé. Il y a trois et quatre mille ans, de vastes forêts habitées par des ours couvraient certaines parties du territoire, et des prairies où les brebis paissaient par centaines de milliers s'étendaient dans les vallées. De nos jours, ce pays, jadis « découlant de lait et de miel, » ne reçoit plus même assez d'eau pour qu'il se forme sur le sol une légère couche d'humus. Les découvertes archéologiques faites en Égypte ne peuvent non plus laisser aucun doute au sujet d'un changement de climat des plus considérables dans la vallée du Nil pendant les soixante-dix siècles derniers. Ainsi que le fait remarquer M. Oscar Fraas,

des fleuves qui poussaient des rochers devant eux
n'ont plus même une goutte d'eau dans leur large
lit ; des cités, jadis entourées de cultures, sont perdues au milieu des solitudes ; la faune, la flore anciennes ont disparu ; le chameau, autrefois inconnu
aux Égyptiens, a fait son apparition : il s'est avancé
peu à peu, gagnant incessamment avec les limites
du désert. Il est probable que le désert n'existait pas
à l'époque où d'immenses glaciers s'avançaient au
loin dans les vallées de l'Europe occidentale.

Dans nos contrées de l'ouest, les modifications du
climat n'ont certainement pas eu autant d'importance
qu'en Orient ; il est probable cependant que le régime de la température s'y est notablement altéré,
ainsi qu'Arago lui-même était porté à le croire ; c'est
là ce que prouverait, d'après lui, la rétrogradation
graduelle des vignobles vers le midi. De nos jours, on
ne cultive plus la vigne sur les bords du golfe de
Bristol, ni dans les Flandres, ni dans la Bretagne, et
ces contrées, que les chroniques, peut être trop
louangeuses, nous disent avoir produit des vins ex-
quis, ne donnent actuellement de raisins mûrs que
dans les années exceptionnelles. Des titres de pro-
priété remontant jusqu'à 1561 constatent, dit M. Fus-
ter, qu'on vendangeait autrefois à des altitudes de
600 mètres sur les flancs des montagnes du Viva-
rais, là où la vigne ne porte plus aujourd'hui de
grappes. De même dans les environs de Carcassonne,
la culture de l'olivier a rétrogradé de 15 à 16 kilomètres au sud depuis une centaine d'années ; la
canne à sucre a disparu de la Provence, où elle était
acclimatée ; les orangers d'Hyères, dont la culture
s'étendait, à l'époque du XVIe siècle, jusqu'au village

de Cuers, ont été frappés par la maladie sous un ciel qui ne leur est plus favorable, et l'on a dû les remplacer par des arbres à fruits moins frileux, tels que les pêchers et les amandiers. Ne faut-il voir, avec M. Alphonse de Candolle, dans cette retraite graduelle des vignes, des oliviers, des orangers, qu'un simple fait économique, provenant de la plus grande facilité des échanges, ou bien est-il permis d'en inférer que la température annuelle, ou du moins la chaleur estivale, a diminué en France depuis le moyen âge ? Il paraît impossible de répondre avec certitude. De même, on ne peut savoir si l'abaissement de la zone de végétation forestière dans les Alpes de la Savoie, dans celles de la Suisse et dans les Carpathes, provient de la diminution de la température ou de l'aide que les hommes, les vaches, les chèvres et les brebis ont apportée à l'action des vents, des neiges et des avalanches.

Quelle que soit la valeur des diverses affirmations faites dans les différents pays sur les changements de climats, des observations rigoureuses ont déjà prononcé. Les registres thermométriques ont prouvé que, depuis un siècle, le froid s'est légèrement accru en divers endroits de l'Allemagne, à Regensburg (Ratisbonne), à Prague, à Hambourg, à Arnstadt ; le mois de décembre surtout y est devenu relativement beaucoup plus froid, tandis que le mois de janvier s'est notablement réchauffé. En revanche, Glaisher a établi que la température moyenne de l'Angleterre s'est accrue de $1°,11$ pendant les cent dernières années, et, pour le seul mois de janvier, l'augmentation de température n'est pas moindre de $1°,66$. Dans cette contrée, les extrêmes se sont rapprochés, le climat est devenu plus doux et plus égal. Un autre changement semble également prouvé : l'Islande et le Groenland oriental seraient devenus beaucoup plus froids depuis le xiv⁰ siècle, car dans la première contrée, les grands arbres ont cessé de croître et, vis-à-vis d'elle, sur les rivages du Groenland, nombre de vallons jadis habités sont devenus complétement inaccessibles par l'envahissement des glaces.

Les modifications subies par les climats pendant la période historique n'ont encore qu'une faible importance relative ; mais celles qui se sont opérées durant les âges géologiques récents ont suffi pour déplacer les faunes, les flores et les races sur d'immenses étendues. On le sait par les traces qu'ont laissées les anciens glaciers des Alpes, des Pyrénées, des Vosges [1] dans des vallées aujourd'hui populeuses. On le voit aussi par les espèces animales et végétales qui ont dû changer d'aire d'habitation pour fuir devant un climat contraire. On retrouve les mêmes plantes et les mêmes animaux à la fois dans les régions polaires et sur les sommets des montagnes, à des centaines et à des milliers de kilomètres de distance ; leurs aires se sont « disjointes. » Les cimes des Alpes et des Pyrénées, l'Atlas et les monts de l'Abyssinie, le pic de Camerones, les volcans de Java, les chaînes du Brésil, les Andes et même les escarpements rocheux de la Terre-de-Feu, ont parmi leurs espèces des plantes du nord de l'Europe.

On ne saurait admettre que des oiseaux ou des courants atmosphériques aient porté les semences

---

[1] Voir le premier volume.

de l'une à l'autre région, car la naturalisation des
espèces est des plus difficiles dans les contrées froides, et la plupart de ces plantes à multiples patries
n'ont point de baies que recherchent les oiseaux, ni
de graines ailées que soulève le vent.

On ne saurait donc imaginer, à l'égard de ces
plantes, que deux alternatives : ou bien leurs ger-
mes se sont développés spontanément sur tous les
points où se trouvent aujourd'hui des colonies séparées, et chaque sommet de montagne, chaque bassin fluvial et lacustre est devenu un centre indépen-
dant de génération végétale; ou bien, ce qui est plus
probable, les colonies actuellement éparses ont été
jadis reliées les unes aux autres et se sont graduellement séparées ou même déplacées par suite du
changement du relief terrestre ou des climats. Les
humbles fleurs alpines blotties dans les neiges et le
creux des rochers racontent ainsi les grandes révo-
lutions du globe.

Lorsque les régions devenues aujourd'hui les continents de l'Europe et de l'Amérique du Nord jouis-
saient d'une chaude température, la végétation
devait avoir dans son ensemble un caractère beaucoup plus méridional que de nos jours ; les terres
éparses qui entourent le pôle arctique avaient une
flore uniforme, composée de plantes analogues à
celles de notre zone tempérée. Cependant le climat
changea peu à peu, et les froids qui devaient amener
la période glaciaire commencèrent à régner sur
l'hémisphère boréal. De même que pour les hommes
et les animaux, ce fut une déroute pour les espèces
de plantes trop avancées vers le nord, auxquelles
venait à manquer la chaleur nécessaire. Elles batti-

rent en retraite devant les neiges et les glaces, comme une armée poursuivie. Les plantes de la zone polaire gagnèrent peu à peu sur la zone tempérée; celles de la zone tempérée rétrogradèrent vers les tropiques et, par les empiétements graduels de leurs colonies, atteignirent même l'équateur, et s'établirent sur les plateaux et dans les plaines aujourd'hui brûlantes de la zone torride. Pendant la série de siècles d'une longueur inconnue qui s'écoula pour la planète durant l'époque ou le cycle d'époques auquel on a donné le nom de glaciaire, un certain nombre d'espèces déplacées cherchèrent vainement à s'accommoder à leurs nouvelles patries et finirent par succomber, tandis que d'autres plantes, favorisées par les conditions du climat, se faisaient à la terre d'exil.

Toutefois la température, incessamment changeante comme tous les phénomènes de l'univers, entra dans une phase nouvelle : à la période du refroidissement succéda celle d'une chaleur croissante; les glaciers qui remplissaient les gorges des montagnes et s'avançaient au loin dans les plaines reculèrent peu à peu vers les névés; au nord, les neiges s'éloignèrent de plus en plus des zones tempérées pour se rapprocher des pôles. Grâce à la chaleur, les plantes que le froid avait forcées de se réfugier dans les régions équatoriales purent se propager dans les deux hémisphères et se partager ainsi en deux corps d'armée distincts, s'éloignant l'un de l'autre à mesure que la température augmentait. De même, les espèces de la zone tempérée empiétèrent graduellement sur le sol dans la direction du pôle et, montant à l'assaut des montagnes, s'emparèrent des moraines et des ravins abandonnés par les glaciers ; mais, pour conquérir les monts et les régions polaires, elles durent céder les plaines intermédiaires à d'autres plantes venues du sud. Un espace de plus en plus large, occupé par une flore nouvelle, s'interposa entre les deux fragments séparés de la flore antique. Semblables à ces tribus de montagnards, aux Basques, aux Romanches et aux Vaudois, qui, pour sauvegarder leurs mœurs et leur nationalité, se sont réfugiés dans les hautes vallées, les petites peuplades végétales, assiégées par les plantes des campagnes inférieures, se sont retirées sur les cimes neigeuses, où elles retrouvent leur climat natal.

VIII

Modifications des climats produites par le travail de l'homme. — Les déboisements et les reboisements. — Le drainage et la culture. — La prévision du temps.

Les travaux agricoles, industriels, hydrauliques prennent une importance croissante dans l'aménagement de la planète. Par ses forces associées, l'homme change la faune et la flore, détruit les espèces animales et végétales qui lui sont nuisibles et fait multiplier en d'énormes proportions celles qui lui sont utiles ; il draine les terrains marécageux, assèche les lacs et les golfes pour les conquérir à l'agriculture, supprime les déserts en y conduisant l'eau des rivières ou en faisant jaillir à la surface les nappes d'eau souterraine, perce les montagnes et franchit les fleuves pour y faire passer les chemins, rectifie le cours des rivières, abat les promontoires, onstruit des îles artificielles, et change la forme des rivages maritimes.

L'homme fait plus encore : il modifie les climats. Toutefois, il faut le dire, c'est d'une manière inconsciente qu'il a commencé cette œuvre, et trop souvent c'est à vicier l'atmosphère ou bien à rendre plus brusques et plus désagréables les alternatives de chaleur et de froid qu'il employait son activité. Ainsi les villes, dont la température se trouve toujours élevée de 1 à 2 degrés par la cohabitation d'un grand nombre d'hommes, sont en même temps transformées en des foyers de pestilence, où les gaz empoisonnés passent de poumons en poumons, et sur lesquels pèse toujours un immense brouillard de poussière et de miasmes impurs. De même dans la campagne, les déboisements à outrance ont eu, en plusieurs contrées, pour résultat de troubler l'harmonie première de la nature. Par ce fait seul que le pionnier défriche un sol vierge, il change le réseau des lignes isothermes, isothères, isochimènes qui passent au-dessus du pays. Aux Etats-Unis, les défrichements considérables des versants alléghaniens semblent avoir rendu la température plus inconstante et avoir fait empiéter l'automne sur l'hiver, l'hiver sur le printemps. On peut dire d'une manière générale que les forêts, comparables à la mer sous ce rapport, atténuent les différences naturelles de température entre les diverses saisons, tandis que le déboisement écarte les extrêmes de froidure et de chaleur et donne une plus grande violence aux courants atmosphériques. Souvent aussi, les fièvres paludéennes et d'autres maladies endémiques ont fais leur apparition dans un district lorsque des boit ou de simples rideaux d'arbres protecteurs sont tombés sous la hache. Quant à l'écoulement des eaux, aux conditions de climat qui en dépendent, on ne saurait douter que le déboisement ait eu pour conséquence d'en troubler la régularité. La pluie, que les branches entre-croisées des arbres laissaient tomber goutte à goutte et qui suintait lentement à travers les feuilles mortes et le chevelu des racines, s'écoule désormais avec rapidité sur le sol pour former des torrents temporaires; au lieu de descendre souterrainement vers les bas-fonds et de surgir en fontaines fertilisantes, elle glisse rapidement à la surface et va se perdre dans les rivières et dans les fleuves : la terre se dessèche en amont, le volume des eaux courantes augmente en aval, les crues se changent en inondations et dévastent les campagnes riveraines, d'immenses désastres s'accomplissent, pareils à ceux que causèrent la Loire et le Rhône en 1856.

L'homme se rend compte maintenant de l'influence que son travail a exercée sur les climats, soit pour les améliorer, soit pour les aggraver, et le mal qu'il a fait, il peut le défaire. Il sait que par le reboisement il a le pouvoir de rapprocher les extrêmes de température et d'égaliser les pluies : il sait qu'il peut accroître la précipitation de l'humidité en développant le système des irrigations, ainsi que le prouvent les observations faites en Lombardie depuis un siècle; enfin, il peut assainir le territoire en desséchant les marécages, en débarrassant le sol des matières corrompues, en modifiant les genres de culture. C'est ainsi qu'en Toscane, la vallée jadis presque inhabitable de la Chiana, où l'hirondelle même n'osait s'a-

venturer, a été complétement délivrée des miasmes
paludéens par la rectification d'une pente indécise,
couverte de mares et de lagunes. De même, les ma-
remmes de l'ancienne Étrurie sont devenues beaucoup moins dangereuses à la santé des habitants
depuis que les ingénieurs toscans ont comblé les
marécages du littoral et pris soin d'empêcher le mélange des eaux douces et des eaux salées qui s'opérait
à l'embouchure des rivières. C'est en améliorant la
qualité de l'air respirable que l'homme résoudra
d'une manière définitive cette question si importante de l'acclimatement, car les seuls pays chauds
vraiment malsains pour les colons originaires des
zones tempérées, ce sont les régions humides dont
l'air est saturé de miasmes. Déjà, en dépit des guerres,
des interruptions de travail prolongées pendant des
siècles et de ses retours partiels vers la barbarie,
l'Europe presque tout entière a été rendue salubre
par le labeur des populations, et maintenant, celles-
ci accomplissent le même travail dans l'Amérique du
Nord, dans les régions de la Plata, en Algérie, au
Cap, en Hindoustan : l'œuvre si considérable qui
leur reste à faire pour assainir toute la surface de
la planète devient de plus en plus facile, car les
hommes connaissent aujourd'hui la puissance de
l'association, et les moyens dont ils se servent leur
sont fournis par la science.

C'est également par la science qu'ils peuvent arriver
non à prévenir, mais à prévoir les grands fléaux des
orages et des ouragans que déchaînent les climats actuels. Instruit par l'aspect du ciel et de la mer, aussi
bien que par les oscillations du baromètre, le marin
voit au delà de l'horizon la tempête qui s'approche

et, sans crainte, il prend ses mesures pour s'éloigner à temps des redoutables spirales qui vont se dérouler sur la mer. Pour le navire à vapeur bien commandé, « il n'est plus d'ouragan possible ; » le cyclone n'est qu'une trombe ordinaire, autour de laquelle le bâtiment peut tourner à son aise, s'en éloignant s'il y a danger d'être entraîné dans le tourbillon, s'en approchant au contraire si les vents de la tempête peuvent être utiles à sa course. L'ouragan, terreur des navigateurs d'autrefois, peut devenir ainsi de nos jours un puissant auxiliaire.

A toute époque de l'histoire, les hommes se sont occupés de la prévision du temps. Grâce aux avantages si nombreux que nous donne la civilisation, l'utilité pratique de connaître d'avance les changements météorologiques prochains est devenue moins pressante, car de nos jours, nous pouvons nous soustraire à l'influence de ces variations par nos vêtements, nos demeures, notre nourriture ; ainsi que le dit un proverbe américain, le charbon est devenu un « climat portatif. » Certaines personnes, par une vie tout à fait artificielle, en sont même arrivées à ignorer la plupart des météores de l'atmosphère.

Cependant, quoique les ressources de la civilisation nous aient rendus plus indépendants que nos ancêtres des variations atmosphériques, les intérêts agricoles, industriels, maritimes menacés par les modifications imprévues de la température sont immenses, et les chercheurs ont, en outre, pour les animer dans leurs études, l'attrait puissant qu'offre la contemplation des choses de la nature. Il est beau de retrouver l'ordre dans ce qui semblait un pur caprice des éléments et de tracer d'avance dans les airs le chemin de ces forces invisibles dont le conflit incessant produit toutes les variations du temps. Telle est l'ambition qu'on peut avoir désormais. Récemment encore, Arago doutait que l'homme pût en arriver ainsi à voir d'avance les alternatives de la température et des météores; mais de nos jours, presque tous les savants, enhardis par les grandes découvertes des dernières années, sont au contraire pleins de confiance et se voient déjà, dans un avenir prochain, maîtres des secrets du temps. Dès l'année 1808, Lamarck proposait la fondation d'un établissement central de correspondance météorologique, afin d'arriver à la connaissance et à la prévision des météores, et son projet est actuellement mis en exécution en France, en Angleterre, dans les Pays-Bas, en Amérique.

Lorsque, dans leurs comparaisons journalières, les météorologistes pourront se servir librement, non-seulement de tout le réseau des télégraphes européens, mais aussi de tous les fils de la terre, lorsqu'ils connaîtront les divers phénomènes journaliers des stations américaines, et que leurs observatoires, sortes de sentinelles avancées, seront établis aux Bermudes, aux Açores, à Saint-Thomas, à la Havane, c'est-à-dire à l'origine des courants, des vents et des cyclones qui se développent obliquement à travers l'Atlantique, alors la prévision du temps pourra se faire à coup sûr. Le savant lira d'avance dans les cieux, le marin saura quand il doit rester au port et l'agriculteur connaîtra le jour de sa récolte.

La connaissance anticipée des alternatives du climat sera l'une des plus grandes conquêtes de l'homme.

Déjà maître du présent par le travail, il le deviendra
aussi de l'avenir par la science. Cette terre qu'il dit
lui appartenir sera véritablement sienne ; il en uti-
lisera la force productive à son gré et fera servir
toutes les vies inférieures, animaux et plantes, aux
conforts de sa propre vie ; mais, devenu possesseur
de la terre, qu'il le devienne aussi de lui-même ;
qu'il triomphe enfin de ses propres passions et qu'il
apprenne à vivre en paix sur cette planète, si souvent arrosée de sang ! Que la terre puisse mériter
bientôt le nom de « bienheureuse, » que lui ont
donné les peuples enfants !

FIN

TABLE DES MATIÈRES

CHAPITRE I. — L'OCÉAN.

CHAPITRE II. — LES ILES, LES RIVAGES ET LES DUNES.

CHAPITRE III. — L'ATMOSPHÈRE, LES PLUIES ET LES ORAGES.

CHAPITRE IV. — LES CLIMATS.

FIN DE LA TABLE

Coulommiers. — Typ. A. MOUSSIN

OUVRAGES
A L'USAGE DES GENS DU MONDE
ET DE LA JEUNESSE

Formats in-4 et in-8.

I. — VULGARISATION DES SCIENCES

Figuier (Louis) : *Le Tableau de la nature.* 9 volumes in-8 raisin :

La Terre avant le déluge, ouvrage contenant 15 vues idéales de paysages de l'ancien monde, dessinées par Riou, 325 autres figures et 8 cartes géologiques coloriées ; 6ᵉ édition. 1 vol. 10 fr.

La Terre et les Mers, ou description physique du globe. 1ᵉ édition. 1 vol. contenant 170 vignettes sur bois par Karl Girardet, etc., et 20 cartes. 10 fr.

Histoire des plantes. 1 vol. illustré de 415 vignettes par Faguet. 10 fr.

Zoophytes et Mollusques. 1 vol. illustré de 335 fig., dessinées d'après les meilleurs échantillons du Muséum d'histoire naturelle, et des principales collections de Paris. 10 fr.

Les Insectes. 1 vol. illustré de 605 vignettes dessinées d'après nature par Mesnel, Blanchard, Delahaye, et de 13 grandes compositions par E. Bayard ; 2ᵉ édition. 10 fr.

Les Poissons, les Reptiles et les Oiseaux. 1 vol. illustré de 400 figures et de 27 grandes compositions par A. Mesnel, A. de Neuville et E. Riou ; 2ᵉ édition. 10 fr.

Les Mammifères. 1 vol. illustré de 276 vignettes dessinées pour la plupart d'après l'animal vivant, par Mesnel, de Penne, Lalaisse, Bocourt, etc. ; 2ᵉ édition. 10 fr.

L'Homme primitif ; 2ᵉ édition. 1 vol. contenant 285 gravures, savoir : dans le texte, 256 figures représentant les objets usuels des premiers âges de l'humanité, dessinées par Delahaye, et hors texte, 30 scènes de la vie de l'homme primitif, composées par E. Bayard. 10 fr.

Les Races Humaines. 1 vol. contenant 345 gravures dans le texte, dessinées par E. Bayard, Gustave Doré, Karl Girardet, Janet-Lange, etc., et hors texte, 8 chromolithographies représentant les principaux types des familles humaines d'après les aquarelles de Regamey ; 2ᵉ édition. 10 fr.

— *Vies des savants illustres* depuis l'antiquité jusqu'au xixᵉ siècle, avec une appréciation sommaire de leurs travaux. 5 volumes in-8 raisin :

Savants de l'Antiquité. 1 vol. illustré de portraits et de gravures dessinés d'après des documents authentiques par Verbas, de Bar, etc. 10 fr.

Savants du moyen âge. 1 vol. illustré de 25 grandes compositions et portraits dessinés d'après des documents authentiques par de Bar, Riou, et Verbas. 10 fr.

Savants de la Renaissance. 1 vol. illustré de 30 grandes compositions et portraits dessinés d'après des documents authentiques par E. Morin. 10 fr.

Savants du xviiᵉ siècle. 1 vol. illustré de 36 grandes compositions et portraits dessinés d'après des documents authentiques, par J. Ferrat, etc. 10 fr.

Savants du xviiiᵉ siècle. 1 vol. illustré de 40 grandes compositions et portraits dessinés d'après des documents authentiques, par J. Ferat, etc. 10 fr.

— *Le Savant du foyer,* ou notions scientifiques sur les objets usuels de la vie. Ouvrage à l'usage de la jeunesse. 5ᵉ édition. 1 volume in-8 raisin illustré de 211 vignettes. 10 fr.

— *Les Grandes Inventions scientifiques, industrielles et artistiques des temps anciens et modernes.* Ouvrage à l'usage de la jeunesse ; 5ᵉ édition. 1 vol. in-8 raisin illustré de 231 vignettes. 10 fr.

La reliure de chaque volume se paye en sus 1 fr.

Flammarion (Camille) : *L'Atmosphère, description des grands phénomènes de la nature.* 1 magnifique vol. in-8 jésus, illustré de 228 grandes gravures sur bois, par É. Bayard, A. Marie. P. Sellier, etc., et de 15 planches chromolithographiques, d'après les peintures de MM. Achard, Berchère, Eug. Cicéri, A. Marie et Weber ; 2e édition. - **20 fr.**

La reliure se paye en sus 6 fr.

Frédol (Alfred) : *Le Monde de la mer.* 1 magnifique vol. in-8 jésus, contenant 21 planches tirées en couleur, 14 autres planches en noir tirées à part et 320 gravures ; 2e édition. **30 fr.**

La reliure se paye en sus 6 fr.

Glaisher, C. Flammarion, W. de Fonvielle et G. Tissandier : *Voyages aériens.* 1 magnifique volume in-8 jésus, contenant 200 gravures sur bois et 6 chromolithographies, d'après les dessins de E. Cicéri, A. Marie et A. Tissandier, et 10 cartes ou diagrammes. **10 fr.**

La reliure se paye en sus 6 fr.

Guillemin (A.) : *Le Ciel,* simples notions d'astronomie à l'usage des gens du monde et de la jeunesse. 1 magnifique vol. in-8 jésus, illustré de 40 grandes planches, dont 12 en couleur, et de 192 vignettes dans le texte ; 4e édition. **20 fr.**

La reliure se paye en sus 6 fr.

— *Les Phénomènes de la physique.* 1 magnifique volume in-8 jésus, illustré de 450 gravures sur bois et de 11 planches tirées en couleur ; 2e édit. **20 fr.**

La reliure se paye en sus 6 fr.

Les Trois Règnes de la nature. Lectures d'histoire naturelle, publiées sous la direction de M. le docteur Chenu. 3 vol. in-4, illustrés de 900 gravures. Prix de chaque vol. br. **5 fr.**

Relié en percaline, tranches jaspées. **6 fr. 75**
— tranches dorées. **7 fr. 75**
Relié dos en maroq., plats en toile, tr. d. **8 fr. 75**

Pouchet (F.-A.) : *L'Univers, les infiniment grands et les infiniment petits.* 1 magnifique volume in-8 jésus, illustré de 343 vignettes et de 4 planches en couleur, par A. Faguet, Mesnel, etc. 3e édition. **20 fr.**

La reliure se paye en sus 6 fr.

Reclus (Élisée) : *La Terre,* description des phénomènes de la vie du globe. 2 vol. in-8 jésus, qui se vendent séparément.

Première partie : *les Continents.* 1 vol. avec 550 figures et 25 cartes tirées en couleur ; 2e édition. **15 fr.**

Deuxième partie : *l'Océan, l'Atmosphère, la Vie.* 1 vol. avec 207 figures et 27 cartes en couleur ; 2e édition. **15 fr.**

La reliure de chaque volume se paye en sus 6 fr.

Simonin : *La Vie souterraine,* ou les Mines et les Mineurs. 1 magnifique volume in-8 jésus, illustré de 160 gravures sur bois, de 30 cartes tirées en couleur, et de 10 planches chromolithographiques rehaussées d'or et d'argent ; 2e édition. **30 fr.**

La reliure se paye en sus 6 fr.

— *Les Pierres,* esquisses minéralogiques. 1 magnifique volume in-8 jésus illustré de 91 gravures sur bois, de 15 cartes et de 6 chromolithographies, par Cicéri, Faguet et Bonnafoux. **20 fr.**

La reliure se paye en sus 6 fr.

II. — VOYAGES

Agassiz (Mme et M. Louis) : *Voyage au Brésil,* traduit de l'anglais avec l'autorisation des auteurs, par Félix Vogeli. 1 vol. contenant 54 gravures sur bois et 5 cartes. **10 fr.**

La reliure se paye en sus 4 fr.

Baker (Sir Samuel Witbe) : *Découverte de l'Albert N'yanza,* traduction de l'anglais par G. Masson. 1 vol. illustré de 30 gravures et accompagné de deux cartes. **10 fr.**

La reliure se paye en sus 4 fr.

Bouyer (Le capitaine Frédéric) : *La Guyane française.* 1 volume in-4 contenant 100 gravures par Riou et 3 cartes. **10 fr.**

La reliure se paye en sus 6 fr.

Burton (Le capitaine) : *Voyage aux*

grands lacs de l'Afrique orientale, traduit de l'anglais par Mme H. Loreau. 1 vol. illustré de 37 vignettes. 10 fr.
La reliure se paye en sus 4 fr.

Hayes (Le docteur J.-J.) : *La Mer libre du pôle,* voyage de découvertes dans les mers arctiques, exécuté en 1860-1861, traduit de l'anglais avec l'autorisation de l'auteur, et accompagné de notes complémentaires par Ferdinand de Lanoye. Ouvrage illustré de 70 gravures sur bois et accompagné de 3 cartes. 10 fr.
La reliure se paye en sus 4 fr.

Humbert (Aimé) : *Le Japon illustré.* 2 magnifiques volumes in-4, contenant 500 gravures sur bois, d'après Bayard, de Neuville, E. Thérond, Hubert Clerget, etc., une carte du Japon et 2 plans. 50 fr.
La reliure se paye en sus 20 fr.

Livingstone (David et Charles) : *Explorations du Zambèse et de ses affluents et découverte des lacs Chiroua et Nyassa* (1858-1864). Ouvrage traduit de l'anglais par Mme H. Loreau, et illustré de 47 gravures et de 4 cartes. 10 fr.
La reliure se paye en sus 4 fr.

Mage (E.) : *Voyage dans le Soudan occidental* (Sénégambie et Niger) en 1863-1866. Ouvrage illustré de 60 gravures sur bois d'après les dessins de l'auteur, par Bayard, de Neuville et Tournois, et accompagné de 7 cartes et de 2 plans. 1 vol. 10 fr.
La reliure se paye en sus 4 fr.

Marcoy (Paul) : *Voyage à travers l'Amérique du sud, de l'océan Pacifique à l'océan Atlantique,* illustré de 400 gravures sur bois par Riou, et accompagné de 20 cartes. 2 magnifiques volumes in-4. 50 fr.
La reliure se paye en sus 20 fr.

Milton (Le Vte) et le Dr **Cheadle** : *De l'Atlantique au Pacifique à travers le Canada, les montagnes Rocheuses et la Colombie anglaise.* Ouvrage traduit de l'anglais par J. Belin de Launay, et illustré de 22 gravures et de 2 cartes. 10 fr.
La reliure se paye en sus 4 fr.

Palgrave : *Une année de voyage dans l'Arabie centrale* (1862-1863). Ouvrage traduit de l'anglais par Em. Jonveaux, accompagné du portrait de l'auteur, d'une carte et de 4 plans. 2 vol. 10 fr.
La reliure se paye en sus 4 fr. par volume.

Raynal (F. E.) : *Les Naufragés, ou vingt mois sur un récif des îles Auckland;* récit authentique. Un beau volume in-8 jésus, contenant 40 gravures sur bois, par A. de Neuville, et une carte. 10 fr.
La reliure se paye en sus 5 fr.

Speke (Le capitaine) : *Journal de la découverte des sources du Nil.* Ouvrage traduit de l'anglais, accompagné de cartes et illustré de gravures d'après les dessins du capitaine Grant; 2e édition. 1 vol. 10 fr.
La reliure se paye en sus 4 fr.

Wey (F.) : *Rome, descriptions et souvenirs.* 1 magnifique volume in-4, contenant 346 gravures sur bois et un plan. 50 fr.
La reliure se paye en sus 15 fr.

Whymper (F.) : *Voyages et Aventures dans l'Alaska* (ancienne Amérique russe). Ouvrage traduit de l'Anglais avec l'autorisation de l'auteur, par Em. Jonveaux. 1 vol. contenant 37 gravures sur bois et 1 carte. 10 fr.
La reliure se paye en sus 4 fr.

BIBLIOTHÈQUE DES MERVEILLES

Publiée sous la direction de M. ÉDOUARD CHARTON

Format in-18 jésus. 2 fr. 25 le volume broché.

LA RELIURE EN PERCALINE BLEUE, TRANCHE DORÉE, SE PAYE EN SUS 1 FR. 25.

———

La *Bibliothèque des Merveilles* est destinée à former une sorte d'encyclopédie instructive et récréative, réunissant le pittoresque à l'exactitude; parlant à l'esprit par des descriptions courtes et claires, faciles à comprendre et à retenir; parlant aux yeux par des gravures nombreuses et choisies. Les merveilles de la science, de l'art, de l'industrie, ainsi que les grandes manifestations de la vertu et de l'intelligence humaines, rentreront dans le domaine de cette collection.

———

Badin (A.) : *Grottes et Cavernes;* 2e édition. 1 vol. illustré de 53 vignettes par Camille Saglio.

Baille (J.) : *Les Merveilles de l'électricité;* 2e édition. 1 vol. illustré de 71 vignettes par Jahandier.

Bernard (Frédéric) : *Les Évasions célèbres;* 2e éd. 1 vol. illustré de 26 vignettes par E. Bayard.

Bocquillon (Henri) : *La Vie des plantes;* 2e édition. 1 volume illustré de 60 vignettes par Faguet, etc.

Cazin : *La Chaleur;* 2e édition. 1 vol. illustré de 92 vignettes par Jahandier et d'une planche en couleur.

— *Les Forces physiques;* 2e édition. 1 vol. illustré de 53 vignettes par Jahandier.

Deherrypon (M.) : *Les Merveilles de la chimie.* 1 vol. illustré de 51 vignettes par Marie, Féral et Jahandier.

Depping (G.) : *Les Merveilles de la force et de l'adresse;* 2e édit. 1 vol.

illustré de 80 vignettes par E. Roujat et Rapine.

Dieulafait : *Les Pierres précieuses.* 1 vol. illustré de 130 vignettes par Bonnafoux, Marie, Sellier, etc.

Duplessis (G.) : *Les Merveilles de la gravure;* 2e édition. 1 vol. illustré de 34 reproductions de gravures par P. Sellier, etc.

Flammarion (C.) : *Les Merveilles célestes,* lectures du soir; 4e édition. 1 volume illustré de 46 vignettes et de 2 planches.

Fonvielle (W. de) : *Les Merveilles du monde invisible;* 3e édition. 1 vol. illustré de 115 vignettes.

— *Éclairs et Tonnerre;* 2e édition. 1 vol. illustré de 39 vignettes par E. Bayard et H. Clerget.

Girard (J.) : *Les Plantes vues au microscope.* 1 vol.

Girard (M.) : *Les Métamorphoses des

insectes; 3e édition. 1 vol. illustré de 308 vignettes.

Guillemin (A.): *Les Chemins de fer;* 3e édition. 1 volume illustré de 121 vignettes.

Jacquemart (A.): *Les Merveilles de la céramique.* 1re partie (Orient); 2e édition. 1 vol. illustré de 53 vignettes par H. Catenacci.

— *Les Merveilles de la céramique.* IIe partie (Occident); 2e édition. 1 vol. illustré de 221 vignettes par J. Jacquemart.

— *Les Merveilles de la céramique.* IIIe partie (Occident); 2e édition. 1 volume illustré de 48 vignettes, par J. Jacquemart, et de 833 monogrammes.

Lacombe (P.): *Les Armes et les Armures;* 2e édition. 1 vol. illustré de 50 vignettes, par H. Catenacci.

Landrin (A.): *Les Plages de la France;* 2e édition. 1 vol. illustré de 140 vignettes par Mesnel.

— *Les Monstres marins.* 1 vol. illustré de 41 vignettes par Mesnel.

Lefèvre (A.): *Les Merveilles de l'architecture;* 3e édition. 1 volume illustré de 30 vignettes par Thérond, Lancelot, etc.

— *Les Parcs et les Jardins;* 2e édition. 1 vol. illustré de 29 vignettes par A. de Bar.

Le Pileur (A.): *Les Merveilles du corps humain;* 2e édition. 1 volume illustré de 15 gravures par Léveillé, et d'une planche en couleur.

Marion (F.): *Les Merveilles de l'optique;* 2e édition. 1 vol. illustré de 70 vignettes par A. de Neuville et Jahandier, et d'une planche en couleur.

— *Les Ballons et les Voyages aériens;* 2e édition. 1 vol. illustré de 30 vignettes par Sellier.

— *Les Merveilles de la végétation;* 2e édition. 1 vol. illustré de 30 vignettes par Lancelot.

Marey (P.): *L'Hydraulique;* 2e édition. 1 vol. illustré de 39 vignettes par Jahandier.

Ménault (E.): *L'Intelligence des animaux;* 3e édition. 1 vol. illustré de 58 vignettes par E. Bayard.

Meunier (V.): *Les Grandes Chasses;* 3e édition. 1 vol. illustré de 21 vignettes par Lançon.

— *Les Grandes Pêches;* 2e édition. 1 vol. illustré de 85 vignettes, par Riou et Mesnel.

Millet (F.): *Les Merveilles des fleuves et des ruisseaux.* 1 vol. illustré de 65 vignettes, par Mesnel.

Moynet (G.-X.): *L'Envers du théâtre.* 1 vol. illustré de 60 vignettes ou coupes.

Radau (R.): *L'Acoustique;* 2e édit. 1 vol. illustré de 114 vignettes par Loeschin, Jahandier, etc.

Renard (L.): *Les Phares;* 2e édit. 1 vol. illustré de 37 vignettes par Jules Noel, Rapine, etc.

— *Les Merveilles de l'art naval.* 1 vol. illustré de 50 vignettes par Morel Fatio.

Renault: *L'Héroïsme.* 1 vol. illustré de 15 vignettes par Paquier.

Reynaud (J.): *Histoire élémentaire des minéraux usuels;* 3e édition. 1 vol. illustré de 2 planches en couleur et de 2 planches en noir.

Sauzay (A.): *La Verrerie* depuis les temps les plus reculés jusqu'à nos jours; 2e édition. 1 vol. illustré de 67 vignettes par B. Bonnafoux.

Simonin (L.): *Les Merveilles du monde souterrain;* 2e édition. 1 vol. contenant 18 grandes vignettes dessinées par A. de Neuville, et 9 cartes.

Sonrel (L.) : *Le Fond de la mer ;*
2ᵉ édition. 1 volume illustré de 90 vignettes par Mesnel, Yan'Dargent et Pérat.

Tissandier (G.) : *Les Merveilles de l'eau ;* 2ᵉ édition. 1 volume illustré de 77 vignettes, par A. Jahandier, et de 6 cartes.

— *La Houille.* 1 vol. illustré de 50 vignettes par A. Jahandier, A. Marie et A. Tissandier.

Viardot (L.) : *Les Merveilles de la peinture* (1ʳᵉ série) ; 2ᵉ édition. 1 vol. illustré de 15 reproductions de tableaux, par Paquier.

— *Les Merveilles de la peinture* (2ᵉ série) ; 2ᵉ édition. 1 vol. illustré de 12 reproductions de tableaux, par Paquier.

— *Les Merveilles de la sculpture ;* 2ᵉ édition. 1 vol. illustré de 61 reproductions de statues par Petot, P. Sellier, Chapuis, etc.

Zucher : *Les Naufrages célèbres.* 1 vol. illustré de 30 vignettes par J. Noël.

Zurcher et Margollé : *Les Ascensions célèbres.* 1 vol. illustré de 37 vignettes par A. de Bar.

— *Les Glaciers ;* 2ᵉ édition. 1 vol. illustré de 45 vignettes par E. Sabatier.

— *Les Météores ;* 3ᵉ édition. 1 vol. illustré de 23 vignettes par Lebreton.

— *Volcans et Tremblements de terre ;* 2ᵉ édition. 1 vol. illustré de 62 vignettes par E. Riou.

TRAITÉ ÉLÉMENTAIRE

DE PHYSIQUE

Par PRIVAT-DESCHANEL

ANCIEN PROFESSEUR DE PHYSIQUE AU LYCÉE LOUIS-LE-GRAND
INSPECTEUR DE L'ACADÉMIE DE PARIS

Ouvrage accompagné de 719 figures, dessinées par Bonnafoux et Jahandier,
gravées par Laplante,
et de 3 planches en couleur tirées à part.

1 beau volume in-8°, broché, 10 fr.

ÉLÉMENTS DE ZOOLOGIE

Comprenant l'Anatomie, la Physiologie, la Classification

ET L'HISTOIRE NATURELLE DES ANIMAUX

Par PAUL GERVAIS

PROFESSEUR D'ANATOMIE COMPARÉE AU MUSÉUM D'HISTOIRE NATURELLE DE PARIS

Ouvrage accompagné de 567 figures intercalées dans le texte,
et de 3 planches en couleur.

1 beau volume in-8°, broché, 8 fr.

LE TOUR DU MONDE

NOUVEAU JOURNAL HEBDOMADAIRE DES VOYAGES

Publié sous la direction de M. ÉDOUARD CHARTON

et très-richement illustré par nos plus célèbres artistes.

Les douze premières années sont en vente (1860-1871).

Les années 1870 et 1871 ne forment ensemble qu'un seul volume.

La collection se compose actuellement de onze volumes, qui contiennent près de 6,000 gravures, et comprennent notamment : Les voyages de KANE à la mer polaire, de MAC CLINTOCK dans les déserts glacés où a péri Franklin, de BARTH au lac Tchad et à Tombouctou, de M. GUILLAUME LEJEAN dans l'Afrique orientale, au Pandjab et au Cachemire, de Mme IDA PFEIFFER à Madagascar, de M. PAUL MARCOY à travers l'Amérique du Sud, de M. VICTOR DURUY en Allemagne, de M. MARC MONNIER dans l'Italie Méridionale, de MM. GUSTAVE DORÉ et DAVILLIERS en Espagne, du capitaine BURTON chez les Mormons, de M. RENAN en Syrie, de M. MOUHOT dans les royaumes de Siam, de Cambodge et de Laos, de sir BALDWIN dans l'Afrique australe, du capitaine SPEKE aux sources du Nil, de M. FERDINAND DE HOCHSTETTER à la Nouvelle-Zélande, de M. CHARLES MARTINS au Spitzberg, de M. ARMINIUS VAMBÉRY dans l'Asie centrale, de MM. DAVID et CHARLES LIVINGSTONE sur les rives du Zambèse, du capitaine BOUYER dans la Guyane française, de M. ÉLISÉE RECLUS dans la Sicile, de M. AIMÉ HUMBERT au Japon, de M. TRÉMAUX au Soudan oriental, de MM. SCHLAGINTWEIT dans la Haute-Asie, du vicomte MILTON de l'Atlantique au Pacifique (Amérique du Nord), de M. MAGE dans le Soudan occidental, du docteur J.-J. HAYES à la mer libre du Pôle arctique, de M. VERESCHAGUINE dans le Caucase, de M. FRANCIS WEY à Rome, de M. J. GARNIER à la Nouvelle-Calédonie, de M. de NOUGARET en Islande, de M. et Mme AGASSIZ au Brésil, de M. RAYNAL aux îles Auckland, de M. FR. WHYMPER au territoire d'Alaska, etc., etc.

CONDITIONS DE VENTE ET D'ABONNEMENT

Un numéro, comprenant 16 pages in-4°, plus une couverture réservée aux nouvelles géographiques, paraît le samedi de chaque semaine. — Prix du numéro : 50 centimes. — Les 52 numéros publiés dans une année forment deux volumes qui peuvent être reliés en un seul. Prix de chaque année brochée en un ou deux volumes, 25 fr. Prix de l'abonnement pour Paris et pour les départements : un an, 26 fr.; six mois, 14 fr. — Les abonnements se prennent à partir du 1er de chaque mois. Le prix d'abonnement pour les pays étrangers varie selon les conditions postales.

La reliure en percaline se paye en sus : en un volume, 2 fr.; en deux volumes, 3 fr. — La demi-reliure en chagrin, avec tranches dorées : en un volume, 5 fr.; en deux volumes, 8 fr. — La demi-reliure chagrin avec tranches rouges semées d'or : en un volume, 7 fr.; en deux volumes, 12 fr.

Table décennale du TOUR DU MONDE (1860-1869)

Brochure in-4° : 1 fr.

Paris. — Impr. Viéville Capiomont, rue des Poitevins, 6.

LITTÉRATURE POPULAIRE

ÉDITIONS A 1 FRANC 25 C. LE VOLUME, FORMAT IN-18 JÉSUS

Le cartonnage en percaline gaufrée se paye en sus 50 cent. par volume.

EN VENTE

Fadin (Ad.). *Duguay-Trouin.* 1 vol.
— *Jean Bart.* 1 vol.
Baines (Th.). *Voyage dans le Sud-Ouest de l'Afrique.* 1 vol.
Baldwin. *Du Natal au Zambèse, 1865-1866. Récits de chasses.* 1 vol.
Barrau (Th.-H.). *Conseils aux ouvriers sur les moyens d'améliorer leur condition.* 1 v.
Barthélemy. *Voyage du jeune Anacharsis en Grèce dans le milieu du quatrième siècle avant l'ère chrétienne.* 3 vol.
    Atlas dressé pour cet ouvrage par J.-D. Barbier du Bocage. In-8. 4 fr. 50
Bernard (Fréd.). *Vie d'Oberlin.* 1 vol.
Boileau. *Œuvres complètes.* 2 vol.
Bonnechose (Emile de). *Bertrand du Guesclin, connétable de France et de Castille.* 1 vol.
— *Lazare Hoche, général en chef des armées de la République. 1793-1797.* 1 vol.
Bossuet. *Œuvres choisies.* 5 vol.
Lalemand de la Fayette. *Le Prix d'honneur.* 1 vol.
— *L'Agriculture progressive.* 1 vol.
Carraud (Mme Z.). *Une Servante d'autrefois.* 1 vol.
Charton (Ed.). *Histoires de trois enfants pauvres, racontées par eux-mêmes, et abrégées par Ed. Charton.* 1 vol.
Cotne (H.). *Le Cardinal Mazarin.* 1 vol.
— *Le Cardinal de Richelieu.* 1 vol.
Corneille (Pierre). *Chefs-d'Œuvre.* 1 vol.
— *Œuvres complètes.* 7 vol.
Deberrypon (Martial). *La Boutique de la marchande de poissons.* 1 vol.
Delapalme. *Le Premier livre du citoyen.* 2e édition. 1 vol.
Duval (Jules). *Notre pays.* 1 vol.
Ernouf (Le baron). *Histoire de trois ouvriers français.* 1 vol.
— *Jacquard. Philippe de Girard.* 1 vol.
Franklin. *Œuvres traduites de l'anglais et annotées par Éd. Laboulaye.* 4 vol.
Fénelon. *Œuvres choisies.* 4 vol.
Guillemin (Amédée). *La Lune.* 1 vol. illustré de 8 grandes planches et de 16 vignettes.
— *Le Soleil.* 1 vol. illustré de 58 figures sur bois.
Hauréau (B.). *Charlemagne et sa cour.* 1 v.
Homère. *Les beautés de l'Iliade et de l'Odyssée*, traduction de M. Giguet. 1 v.
Joinville (Le sire de). *Histoire de Saint Louis*, texte rapproché du français moderne, par Natalis de Wailly, de l'Institut. 7e édition. 1 vol.
Laboucère (Alf.). *Oberkampf.* 1 vol.
La Fontaine. *Choix de fables.* 1 vol.
Livingstone (Charles et David). *Explorations dans l'Afrique centrale et dans le bassin du Zambèse. 1810-1860.* 1 vol.
Marivaux. *Œuvres choisies.* 2 vol.
Meunier (Mme H.). *Le Docteur du village. Entretiens familiers sur l'hygiène.* 1 v.
Molière. *Chefs-d'œuvre.* 2 vol.
— *Œuvres complètes.* 3 vol.
Montaigne (Michel). *Essais.* 2 vol.
Montesquieu. *Œuvres complètes.* 3 vol.
Mouhot. *Voyages à Siam, dans le Cambodge et le Laos.* 1 vol.
Müller (Eug.). *La boutique du marchand de nouveautés.* 1 vol.
Pascal (B.). *Œuvres complètes.* 3 vol.
Pfeiffer (Mme Ida). *Voyage autour du monde,* édition abrégée par J. Belin-de Launay. 1 vol.
Passy (Frédéric). *Les Machines et leur influence sur le développement de l'humanité.* 1 vol.
Poirson. *Guide-Manuel de l'Orphéoniste.* 1 vol.
Racine (Jean). *Œuvres complètes.* 3 vol.
— *Chefs-d'œuvre.* 2 vol.
Rendu (Victor). *Principes d'agriculture,* 2e éd. 2 vol. avec vignettes.
Saint-Simon (Le duc de). *Mémoires complets et authentiques sur le siècle de Louis XIV et la Régence,* collationnés sur le manuscrit original, par M. Chéruel, et précédés d'une notice de M. Sainte-Beuve. 13 vol.
Sedaine. *Œuvres choisies.* 1 vol.
Shakspeare. *Chefs-d'œuvre.* 3 vol.
Speke (Journal du capitaine John Hanning). *Découverte des sources du Nil.* 1 v.
Tevenin (Évariste). *Cours d'économie industrielle.* 7 vol.
    Chaque volume se vend séparément.
— *Entretiens populaires.* 9 vol.
    Chaque volume se vend séparément.
Vambéry (Arminius). *Voyages d'un faux derviche dans l'Asie centrale.* 1 vol.
Véron (Eugène). *Les Associations ouvrières en Allemagne, en Angleterre et en France.* 1 vol.
Wallon (de l'Institut). *Jeanne d'Arc.* 1 v.

www.ingramcontent.com/pod-product-compliance
Ingram Content Group UK Ltd.
Pitfield, Milton Keynes, MK11 3LW, UK
UKHW021020140726
13695UKWH00001B/376